国家职业教育大数据技术专业
教学资源库配套教材

U0498685

数据采集与预处理

主 编 江 南 杨辉军 曾文权
副主编 艾 迪 董佳佳 张 俊
　　　 刘君玲

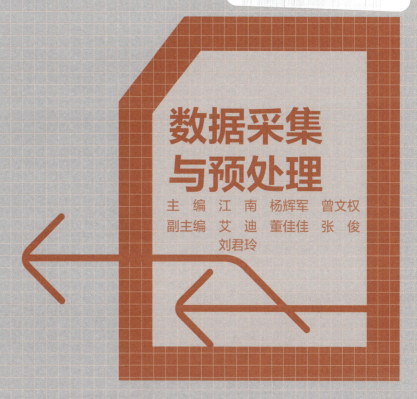

质检

高等教育出版社·北京

内容简介

本书为国家职业教育大数据技术专业教学资源库配套教材，也是高等职业教育计算机类课程新形态一体化教材。

本书选择 Python 3 作为编程环境，系统讲述编写网络爬虫所需要的各种技术，包括 HTTP 原理、urllib 和 Requests 网络请求库的使用、正则表达式、XPath 等数据提取规则的使用和强大的网络爬虫框架 Scrapy 的使用，最后通过一个项目"招聘分析监控系统——数据采集系统"介绍如何将以上技术综合运用。

本书配套有微课视频、教学设计、授课用 PPT 等数字化教学资源。与本书配套的数字课程"数据采集与预处理"已在"智慧职教"平台（www.icve.com.cn）上线，学习者可以登录平台进行在线开放课程的学习，授课教师可以调用本课程构建符合自身教学特色的 SPOC 课程，详见"智慧职教"服务指南。读者可发邮件至编辑邮箱 1548103297@ qq. com获取相关资源。

本书紧跟信息社会发展动态，内容新颖、结构清晰，具有很强的趣味性和实用性。本书可作为高等职业院校大数据技术及其他相关专业的教材，也可作为大数据技术爱好者的自学用书。

图书在版编目（CIP）数据

数据采集与预处理 / 江南，杨辉军，曾文权主编
. --北京：高等教育出版社，2022.6
ISBN 978-7-04-057519-4

Ⅰ. ①数… Ⅱ. ①江… ②杨… ③曾… Ⅲ. ①数据采
集–高等职业教育–教材 ②数据处理–高等职业教育–教
材 Ⅳ. ①TP274

中国版本图书馆 CIP 数据核字（2021）第 258136 号

Shuju Caiji yu Yuchuli

策划编辑	傅　波	责任编辑	傅　波	封面设计	王　琰	版式设计	于　婕
插图绘制	邓　超	责任校对	王　雨	责任印制	赵　振		

出版发行	高等教育出版社	网　址	http://www.hep.edu.cn
社　址	北京市西城区德外大街 4 号		http://www.hep.com.cn
邮政编码	100120	网上订购	http://www.hepmall.com.cn
印　刷	天津市银博印刷集团有限公司		http://www.hepmall.com
开　本	787 mm×1092 mm　1/16		http://www.hepmall.cn
印　张	12.5		
字　数	270 千字	版　次	2022 年 6 月第 1 版
购书热线	010-58581118	印　次	2022 年 6 月第 1 次印刷
咨询电话	400-810-0598	定　价	38.00 元

"智慧职教" 服务指南

　　"智慧职教" 是由高等教育出版社建设和运营的职业教育数字教学资源共建共享平台和在线课程教学服务平台，包括职业教育数字化学习中心平台（www. icve. com. cn）、职教云平台（zjy2. icve. com. cn）和云课堂智慧职教 App。用户在以下任一平台注册账号，均可登录并使用各个平台。

　　● **职业教育数字化学习中心平台（www. icve. com. cn）：为学习者提供本教材配套课程及资源的浏览服务。**

　　登录中心平台，在首页搜索框中搜索 "数据采集与预处理"，找到对应作者主持的课程，加入课程参加学习，即可浏览课程资源。

　　● **职教云（zjy2. icve. com. cn）：帮助任课教师对本教材配套课程进行引用、修改，再发布为个性化课程（SPOC）。**

　　1. 登录职教云，在首页单击 "申请教材配套课程服务" 按钮，在弹出的申请页面填写相关真实信息，申请开通教材配套课程的调用权限。

　　2. 开通权限后，单击 "新增课程" 按钮，根据提示设置要构建的个性化课程的基本信息。

　　3. 进入个性化课程编辑页面，在 "课程设计" 中 "导入" 教材配套课程，并根据教学需要进行修改，再发布为个性化课程。

　　● **云课堂智慧职教 App：帮助任课教师和学生基于新构建的个性化课程开展线上线下混合式、智能化教与学。**

　　1. 在安卓或苹果应用市场，搜索 "云课堂智慧职教" App，下载安装。

　　2. 登录 App，任课教师指导学生加入个性化课程，并利用 App 提供的各类功能，开展课前、课中、课后的教学互动，构建智慧课堂。

　　"智慧职教" 使用帮助及常见问题解答请访问 help. icve. com. cn。

前　言

国家职业教育专业教学资源库建设项目是教育部、财政部为深化高职院校教育教学改革，加强专业与课程建设，推动优质教学资源共建共享，提高人才培养质量而启动的国家级建设项目。本书是"国家职业教育大数据技术专业教学资源库"建设项目的重要成果之一，也是资源库课程开发成果和资源整合应用实践的重要载体。

现在的互联网包含着各种海量的信息，可谓包罗万象。出于数据分析或产品需求，人们需要从某些网站，提取出感兴趣、有价值的内容，因此需要一种能自动获取网页内容并可以按照指定规则提取相应内容的程序，这就是网络爬虫。网络爬虫是按照一定的规则，自动地抓取互联网信息的程序或者脚本，可以自动采集所有其能够访问的页面内容，以获取或更新这些网站的内容和检索方式。本书选择 Python 3 作为编程环境，系统讲述编写网络爬虫所需要的各种技术，包括 HTTP 的原理、urllib 和 request 网络请求库的使用、正则表达式、XPath 等数据提取规则的使用和强大的网络爬虫框架 Scrapy 的使用，最后通过一个项目"招聘分析监控系统——数据采集系统"将以上技术综合运用起来。另外，本书还介绍了编写网络爬虫要遵守的法律法规，并讲解如何合法地使用网络爬虫。

本书共分为 11 章：

第 1 章主要介绍网络爬虫的具体概念和原理，反爬虫和反反爬虫的对抗策略，并简要介绍编写网络爬虫用到的各种技术。

第 2 章主要介绍 HTTP 的原理，网络请求和响应的过程，讲解如何使用浏览器自带的开发者工具进行 HTTP 的分析。

第 3 章主要介绍 Python 3 自带的网络请求库 urllib 的使用，包括如何发送 get 请求和 post 请求，如何使用代理和如何修改请求头数据，如何获取返回的响应数据等。

第 4 章主要介绍 Requests 的使用。Requests 是一个第三方的网络请求库，它使用起来比 urllib 更加方便灵活。

第 5 章主要介绍数据提取中用到的正则表达式和 XPath 的使用方法，并介绍 BS4 这个数据提取第三方库的使用方法。

第 6 章介绍强大的网络爬虫框架 Scrapy 的使用。Scrapy 将网络爬虫分成了几个模块，简化了网络爬虫编写的过程，使用者只需要像做填空题一样，将必要的代码填写到每个模块中，就完成了一个网络爬虫的编写。

第 7 章主要介绍网络 API 的使用，还介绍在没有文档的情况下，如何去发现网络 API。

第 8 章主要介绍图片识别的原理，并介绍 Tesseract-OCR 这个图片文字识别库的使用。

第 9 章介绍如何使用远程服务器来部署网络爬虫，使用分布式网络爬虫去解决网络爬虫的性能问题，还可以通过远程服务器解决反爬虫中的 IP 地址被封问题。

第 10 章讲解编写网络爬虫所需要遵守的道德和法律规则，涉及版权、知识产权、动产侵权和相关的法律法规。

第 11 章是一个项目案例：招聘分析监控系统——数据采集子系统，通过实战带领读者运用前面学习的各种技术一步一步完成一个真正的网络爬虫项目。

本书由江南、杨辉军、曾文权主编，艾迪、董佳佳、张俊、刘君玲任副主编。第 1、第 2 章由江南编写，第 3、第 4 章由杨辉军编写，第 5、第 7 章由曾文权编写，第 6 章由艾迪编写，第 8 章由董佳佳编写，第 9、第 10 章由董佳佳编写，第 11 章由刘君玲编写。全书由江南、杨辉军、曾文权统稿。

本书既可作为数据采集与预处理的入门学习教材，也可作为高等职业院校大数据相关专业的教材。

由于编者水平有限，书中难免有不妥与疏漏之处，欢迎广大读者给予批评指正。

编 者

2022 年 4 月

目　　录

第1章
网络爬虫概述

知识目标:
1) 了解网络爬虫的原理
2) 了解反爬虫和反反爬虫的策略
3) 了解编写网络爬虫用到的常见技术

能力目标:
1) 掌握网络爬虫爬取数据的步骤和过程
2) 掌握破解反爬虫的常用方法

1.1 什么是网络爬虫

网络爬虫也叫**网络蜘蛛**，是一种按照一定的规则，自动地抓取万维网信息的程序或者脚本。如果把互联网比喻成一个蜘蛛网，那么**网络爬虫**就是在网上爬来爬去的蜘蛛。爬虫程序通过请求 URL 地址，根据响应的内容进行解析采集数据。

很多站点，尤其是搜索引擎，都使用爬虫提供最新的数据。爬虫主要用于向搜索引擎提供其所访问过页面的一个副本，然后，搜索引擎就可以对得到的页面进行索引，以提供快速的访问。爬虫也可以在 Web 上用来自动执行一些任务，例如检查链接、确认超文本置标语言（HTML）代码；还可以用来抓取网页上某种特定类型的信息，例如抓取电子邮件地址（通常用于处理垃圾邮件）。

1.1.1 网络爬虫的应用领域

根据使用场景，网络爬虫可分为通用网络爬虫和聚焦网络爬虫两种。

1. 通用网络爬虫

微课 1-1 爬虫的
应用领域

通用网络爬虫是搜索引擎抓取系统（Baidu 等）的重要组成部分。主要目的是将互联网上的网页下载到本地，形成一个互联网内容的镜像备份。

通用网络爬虫从互联网中搜集网页，采集信息，这些网页信息用于为搜索引擎建立索引提供支持，它决定着整个引擎系统的内容是否丰富，信息是否即时，因此其性能的优劣直接影响着搜索引擎的效果。

但是，这些通用性搜索引擎也存在着一定的局限性：

- 通用搜索引擎所返回的结果都是网页，而大多数情况下，网页里的很多内容对用户来说都是无用的。
- 不同领域、不同背景的用户往往具有不同的检索目的和需求，搜索引擎无法提供针对具体某个用户的搜索结果。
- 万维网数据形式的丰富和网络技术的不断发展，图片、数据库、音频、视频多媒体等不同数据大量出现，通用搜索引擎不能很好地发现和获取这些文件。
- 通用搜索引擎大多提供基于关键字的检索，难以支持根据语义信息提出的查询，无法准确理解用户的具体需求。

针对这些情况，聚焦爬虫技术得以广泛使用。

2. 聚焦网络爬虫

聚焦网络爬虫，是"面向特定主题需求"的一种网络爬虫程序，它与通用网络爬虫的区别在于：聚焦网络爬虫在实施网页抓取时会对内容进行处理筛选，尽量保证只抓取与需求相关的网页信息。本书介绍的网络爬虫，就是聚焦网络爬虫。

1.1.2 网络爬虫的作用

微课 1-2 爬虫的
作用

目前，互联网产品竞争激烈，业界大部分公司会使用网络爬虫技术对竞争产品的数据进行挖掘、采集、分析，而且很多公司还设立了爬虫工程师的岗位。

通过有效的爬虫手段批量采集数据，可以降低人工成本，提高有效数据量，给予运营/销售数据支撑，加快产品研发。

1.2 网络爬虫原理

1.2.1 网络爬虫的基本流程

1. 发起请求

通过 HTTP 网络请求库向目标站点发起请求，也就是发送一个 Request，请求可以包含额外的 header 等信息，等待服务器响应。

2. 获取响应内容

如果服务器能正常响应，会得到一个响应（Response），响应的内容便是所要获取的页面内容，可能是 HTML 或 JSON 字符串、二进制数据（图片或者视频）等类型。

3. 解析内容

得到的内容如果是 HTML，可以用正则表达式、页面解析库进行解析；如果是 JSON，可以直接将其转换为 JSON 对象进行解析；如果是二进制数据，可以进行保存或者进一步的处理。

4. 保存数据

保存形式多样，可以存为文本，也可以保存到关系数据库或 NoSQL 数据库，或者保存为特定格式的文件。

微课 1-3 爬虫的基本流程

1.2.2 网络爬虫的数据提取方法

网络爬虫中数据的分类：
- 结构化数据（JSON、XML 等）的处理方式是直接转换为 Python 类型。
- 非结构化数据（HTML）的处理方式是使用正则表达式 XPath、BS4 等。

1. 非结构化数据的处理

正则表达式通常被用来检索、替换那些符合某个模式（规则）的文本，如文本、电话号码、邮箱地址。比如电话号码一般具有全都由数字组成、长度固定为一定数位的规则，这些规则可以很方便地用正则表达式来表示。

2. 结构化数据的处理

- JSON 文件

JSON（JavaScript Object Notation，JS 对象简谱）是一种轻量级的数据交换格式。简洁和清晰的层次结构使得 JSON 成为理想的数据交换语言，易于阅读和编写，同时也易于机器解析和生成，并能有效地提升网络传输效率。Python 提供了 JSON 模块，可以在 JSON 字符串和 Python 的字典、列表对象间进行互相转换。

- XML 文件

XML（可扩展标记语言）是一种元标记语言，即定义了用于定义其他特定

微课 1-4 爬虫的数据提取方法

领域有关语义的、结构化的标记语言，这些标记语言将文档分成许多部件并对这些部件加以标识。XML 能够更精确地声明内容，方便跨越多种平台的更有意义的搜索结果。它提供了一种描述结构数据的格式，简化了网络中的数据交换和表示，使得代码、数据和表示分离，并作为数据交换的标准格式，因此它常被称为智能数据文档。

XPath 即为 XML 路径语言（XML Path Language），它是一种用来确定 XML 文档中某部分位置的语言。XPath 基于 XML 的树状结构，提供在 XML 文档模型中找寻节点的能力。

- HTML 文件

HTML 是 XML 的一个子集，当然也可以使用 XPath 去选择节点。

HTML 也可以使用 CSS 选择器去选择节点。

1.3　反爬虫

微课 1-5　反爬虫
的手段

1.3.1　反爬虫的手段

网络爬虫是利用程序批量爬取网页上的公开信息，也就是前端显示的数据信息。因为所爬取的信息是完全公开的，所以是合法的。其实就像浏览器一样，浏览器解析响应内容并渲染为页面，而爬虫解析响应内容采集想要的数据并进行存储。

几乎是在网络爬虫技术诞生的同一时刻，反爬虫技术也诞生了。在 20 世纪 90 年代开始有搜索引擎网站利用爬虫技术抓取网站时，一些搜索引擎从业者和网站站长通过邮件讨论定下了一项"君子协议"——robots.txt，即网站有权规定网站中哪些内容可以被网络爬虫抓取，哪些内容不可以被抓取。这样既可以保护隐私和敏感信息，又可以被搜索引擎收录、增加流量。

但总有一些人因为个人利益的驱使，无视这项君子协议，想爬什么内容就爬什么内容，想怎么爬就怎么爬，扰乱了网站的正常访问，给服务器也带来了相当大的负担。当君子协议失效时，一些网站开始改用技术手段阻止网络爬虫的入侵。

反爬虫的一些手段：

- 合法检测：对请求头中的一些关键字段进行校验，例如 user-agent、referer、接口加签名等。
- IP 地址拦截：对同一 IP 地址的用户限制发送网络请求的频率，或者直接拦截某一 IP 地址范围的用户。
- 虚假数据：反爬虫的另一种手段是不拦截，通过返回虚假数据，可以误导竞品决策。
- 需要用户登录，并使用复杂的验证码。
- 数据动态加载，并使用加密算法加密。

1.3.2 破解反爬虫的思路

1. 用户身份识别

服务器在收到网络请求时，会检查请求头中的一些特殊字段，并去判断这个请求是来自一个正常的浏览器（如 IE、Chrome、Firefox），还是来自一个网络爬虫。作为检查标志的主要是 user-agent 字段，每个浏览器的 user-agent 值都是不一样的。但可以伪造一个正常浏览器的 user-agent 值放到网络爬虫的请求头中，这样服务器就检查不出这个请求来自一个网络爬虫了。

2. 控制请求频率

服务器可以知道每个请求的客户端 IP 地址，如果同一个 IP 地址大量、频繁地去访问服务器，服务器会将这个 IP 地址加入黑名单，限制它的访问。在网络爬虫中可以使用代理服务器（代理服务器的原理见后文），通过轮换代理服务器的方式突破这种限制。

3. 签名/加密

有的网站数据是通过 Ajax 请求动态加载的，而且在 Ajax 请求时需要发送加密后的签名信息，否则获取不到正常的数据。一般这种网站的加密算法都是通过 JS（JavaScript）代码的形式给出的，只要认真分析网页中附带的 JS 代码，找出它的加密逻辑就可以破解了。

4. 破解登录授权

有很多的网站只能在登录成功后才能访问，如果不登录，大部分网页是不能正常访问的。网站登录后的状态一般保存在本地的 cookie 中，如果在网络爬虫发送请求时附加上已经登录后的 cookie，服务器就认为是已登录状态了。

5. 破解验证码

上面讲到登录授权的方式比较容易破解，只需在网络爬虫发送请求时附加上登录的 cookie 就可以了。网站为了防止用户频繁地登录和注册，往往在提交表单时添加验证码项，而且验证码中的内容经过干扰、扭曲等处理，不容易识别。但现在深度学习发展很快，验证码识别已经可以很容易地被突破。

微课 1-6 反爬与反反爬

1.4 开发网络爬虫常用的库

1.4.1 Python 开发网络爬虫的优势

Python 已经成为最受欢迎的程序设计语言之一。自从 2004 年起，由于 Python 语言的简洁性、易读性以及可扩展性，Python 的使用率增长迅猛。使用 Python 语言开发网络爬虫具有以下优势。

1. Python 语法简洁易学，容易上手

Python 语法非常简单，非常适合用户阅读。阅读一个良好的 Python 程序就感觉像是在读英语一样，尽管这个"英语"的要求非常严格。Python 的这种伪代码本质上是它最大的优点之一，使得编程者能够专注于解决问题而不用去搞明白语言本身。

微课 1-7 Python 开发爬虫的优势

Python 虽然是用 C 语言写的，但是它摈弃了 C 语言中非常复杂的指针，简化了 Python 的语法。

2. 跨平台

由于 Python 的开源本质，它已经被移植在许多平台上。如果小心地避免使用依赖于系统的特性，那么所有 Python 程序无须修改就可以在任何平台上面运行，这些平台包括 Linux、Windows、FreeBSD、Macintosh。

3. 解释性（无须编译，直接运行/调试代码）

在计算机内部，Python 解释器把源代码转换成称为字节码的中间形式，然后再把它翻译成计算机使用的机器语言并运行。事实上，由于使用者不再需要担心如何编译程序，如何确保连接转载正确的库等，所有这一切使得使用 Python 更加简单，只需要把 Python 程序复制到另外一台计算机上，它就可以工作了。

4. 拥有丰富的开发功能库

Python 标准库确实很庞大。Python 有可定义的第三方库可以使用，用以处理各种工作，包括正则表达式、文档生成、单元测试、线程、数据库、网页浏览器、CGI、FTP、电子邮件、XML、XML-RPC、HTML、WAV 文件、密码系统、GUI（图形用户界面）、Tk 和其他与系统有关的操作。记住，只要安装了 Python，所有这些功能都是可用的。这被称作 Python 的"功能齐全"理念。除了标准库以外，还有许多其他高质量的库，如 wxPython、Twisted 和 Python 图像库等。

1.4.2 网络请求库

微课 1-8 网络请求库

1. urllib

Python 3 中内置了 urllib 模块，它是一个 URL（统一资源定位符）处理包。这个包中集合了一些处理 URL 的模块，包括了 request 模块、error 模块、parse 模块和 robotparser 模块，可以使用它完成大多数的网络请求。

2. Requests

Requests 是用 Python 语言编写的第三方库，基于 urllib，采用 Apache2 Licensed 开源协议的 HTTP 库。因为它封装了更多网络请求的细节，所以比 urllib 使用起来更加方便。

1.4.3 数据提取库

微课 1-9 数据提取库

1. 正则表达式

正则表达式是对字符串（包括普通字符，如 a~z 的字母和特殊字符，又称为"元字符"）操作的一种逻辑公式，就是用事先定义好的一些特定字符及这些特定字符的组合，组成一个"规则字符串"。这个"规则字符串"用来表达对字符串的一种过滤逻辑。正则表达式是一种文本模式，该模式描述在搜索文本时要匹配的一个或多个字符串。

Python 自 1.5 版本起增加了 re 模块。它提供 Perl 风格的正则表达式模式。

2. HTML DOM 解析

文件对象模型（Document Object Model，DOM），是 W3C 组织推荐的处理

可扩展标记语言的标准编程接口。HTML 和 XML 都是基于这个模型构造的。Java、Python、JavaScript 等语言都提供了一套基于 DOM 的编程接口。

Beautiful Soup 是 Python 的一个库,最主要的功能是从网页抓取数据。

Beautiful Soup 提供一些简单的、Python 式的函数用来处理导航、搜索、修改分析树等功能。它是一个工具箱,通过解析文档为用户提供需要抓取的数据,因为简单,所以不需要多少代码就可以写出一个完整的应用程序。

Beautiful Soup 自动将输入文档转换为 Unicode 编码,输出文档转换为 UTF-8 编码。不需要考虑编码方式,除非文档没有指定一个编码方式,这时,Beautiful Soup 就不能自动识别编码方式了,这种情况下仅仅需要说明一下原始编码方式就可以了。

3. XPath

XPath(XML Path Language,XML 路径语言)是一门在 XML 文档中查找信息的语言,最初是用来搜寻 XML 文档的,但是它同样适用于 HTML 文档的搜索。

XPath 的选择功能十分强大,它提供了非常简明的路径选择表达式,另外,它还提供了超过 100 个内建函数,用于字符串、数值、时间的匹配以及节点、序列的处理等,几乎所有编程者想要定位的节点,都可以用 XPath 来选择。

lxml 是 Python 的一个解析库,支持 HTML 和 XML 的解析,支持 XPath 解析方式,而且解析效率非常高。

4. JSON 解析

JSON(JavaScript Object Notation)是一种轻量级的数据交换格式。简洁和清晰的层次结构使得 JSON 成为理想的数据交换语言,易于人阅读和编写,同时也易于机器解析和生成,能有效地提升网络传输效率。

在 Python 中,有专门处理 JSON 格式的模块—— json 模块,json 模块提供了 4 个方法,即 dumps、dump、loads、load,用来将 JSON 字符串和 Python 中的对象进行互相转换。

1.4.4 常用网络爬虫框架

Scrapy 是 Python 开发的一个快速、高层次的屏幕抓取和 Web 抓取框架,用于抓取 Web 站点并从页面中提取结构化的数据。Scrapy 用途广泛,可以用于数据挖掘、监测和自动化测试。

Scrapy 吸引人的地方在于它是一个开源框架,任何人都可以根据需求方便地对源代码进行修改。它也提供了多种类型网络爬虫的基类,如 BaseSpider、sitemap 网络爬虫等。

第2章

超文本传送协议（HTTP）分析

知识目标：

1）了解 HTTP 的特点

2）掌握请求头的常用字段

3）掌握响应头的常用字段

4）掌握 get 和 post 两种请求方式的区别

能力目标：

能够使用开发者工具进行 HTTP 的分析

编写网络爬虫的第一步需要分析目标网站的网页内容和通信过程，定位需要采集数据的位置。分析目标网站首先需要对 HTTP 的原理有深入的理解，了解请求和响应数据包的数据格式和相应字段的含义；其次需要能够熟练使用 Chrome 开发者工具，对目标网站的内容和通信过程进行分析。

2.1 HTTP 原理

微课 2-1 HTTP 协议

2.1.1 HTTP 简介

超文本传送协议（HyperText Transfer Protocol，HTTP）是互联网上应用最为广泛的一种网络协议。所有的 WWW 文件都必须遵守这个标准。设计 HTTP 最初是为了提供一种发布和接收 HTML 页面的方法。1960 年美国人 Ted Nelson 构思了一种通过计算机处理文本信息的方法，并称之为超文本（hypertext），这成了 HTTP 标准架构的发展根基。Ted Nelson 组织协调万维网协会（World Wide Web Consortium）和互联网工程工作小组（Internet Engineering Task Force）共同合作研究，最终发布了一系列的 RFC，其中著名的 RFC 2616 定义了 HTTP 1.1。

HTTP 是一个客户端和服务器端请求和应答的标准。客户端是终端用户，服务器端是网站。通过使用 Web 浏览器、网络爬虫或者其他的工具，客户端发起一个到服务器上指定端口（默认端口为 80）的 HTTP 请求。应答的服务器上存储着一些资源，比如 HTML 文件和图像。服务器根据客户端的请求返回对应的资源。

2.1.2 HTTP 的主要特点

① 支持客户端/服务器模式。

② 简单快速：客户端向服务器请求服务时，只需传送请求方法和路径。请求方法常用的有 get、head、post，每种方法规定了客户端与服务器联系的类型不同。由于 HTTP 简单，使得 HTTP 服务器的程序规模小，因而通信速度很快。

③ 灵活：HTTP 允许传输任意类型的数据对象。正在传输的类型由 Content-Type 加以标记。

④ 无连接：无连接的含义是限制每次连接只处理一个请求。服务器处理完客户的请求，并收到客户的应答后，即断开连接。采用这种方式可以节省传输时间。

⑤ 无状态：HTTP 是无状态协议。无状态是指协议对于事务处理没有记忆能力。缺少状态意味着，如果后续处理需要前面的信息，则它必须重传，这样可能导致每次连接传送的数据量增大。另一方面，在服务器不需要先前信息时它的应答就较快。

微课 2-2 统一资源标识符

2.1.3 统一资源标识符（URI）

HTTP 使用 URI 来传输数据和建立连接。URL 是一种特殊类型的 URI，包含了用于查找某个资源的足够的信息。

以下面这个 URL 为例：

http://www.aspxfans.com:8080/news/index.asp?boardID=5&ID=24618&page=1#name

① 协议部分：代表网页使用的是 HTTP。在 Internet 中可以使用多种协议，如 HTTP、FTP 等。在 "http" 后面的 "//" 为分隔符。

② 域名部分："www.aspxfans.com"。一个 URL 中，也可以使用 IP 地址作为域名使用。

③ 端口部分：跟在域名后面的是端口，域名和端口之间使用 "：" 作为分隔符。端口不是一个 URL 必需的部分，如果省略端口部分，将采用默认端口 80/tcp。

④ 虚拟目录部分：从域名后的第一个 "/" 开始到最后一个 "/" 为止，是虚拟目录部分。虚拟目录也不是一个 URL 必需的部分。本例中的虚拟目录是 "/news/"。

⑤ 文件名部分：从域名后的最后一个 "/" 开始到 "?" 为止，是文件名部分；如果没有 "?"，则是从域名后的最后一个 "/" 开始到 "#" 为止，是文件名部分；如果没有 "?" 和 "#"，那么从域名后的最后一个 "/" 开始到结束，都是文件名部分。本例中的文件名是 "index.asp"。文件名部分也不是一个 URL 必需的部分，如果省略该部分，则使用默认的文件名。

⑥ 锚部分：从 "#" 开始到最后，都是锚部分。本例中的锚部分是 "name"。锚部分也不是一个 URL 必需的部分（可以理解为定位）。

⑦ 参数部分：从 "?" 开始到 "#" 为止之间的部分为参数部分，又称搜索部分、查询部分。本例中的参数部分为 "boardID=5&ID=24618&page=1"。参数可以有多个，参数与参数之间用 "&" 作为分隔符。

2.1.4　请求数据包

HTTP 请求由 3 部分组成，分别是：请求行、消息报头、请求正文。

① 请求行以一个方法符号开头，以空格分开，后面跟着请求的 URI 和协议的版本，格式如下：

微课 2-3　请求数据包

Method Request-URI HTTP-Version CRLF

其中，Method 表示请求方法；Request-URI 是一个统一资源标识符；HTTP-Version 表示请求的 HTTP 版本；CRLF 表示回车和换行（除了作为结尾的 CRLF 外，不允许出现单独的 CR 或 LF 字符）。

请求方法（所有方法全为大写）有多种，各种方法的解释如下：

- GET：请求获取 Request-URI 所标识的资源。
- POST：在 Request-URI 所标识的资源后附加新的数据。
- HEAD：请求获取由 Request-URI 所标识的资源的响应消息报头。
- PUT：请求服务器存储一个资源，并用 Request-URI 作为其标识。
- DELETE：请求服务器删除 Request-URI 所标识的资源。
- TRACE：请求服务器回送收到的请求信息，主要用于测试或诊断。
- CONNECT：保留将来使用。

● OPTIONS：请求查询服务器的性能，或者查询与资源相关的选项和需求。

② HTTP 消息头，以明文的字符串格式传送，是以冒号分隔的键/值对，如 Accept-Charset：UTF-8，每一个消息头最后以回车符（CR）和换行符（LF）结尾。HTTP 消息头结束后，会用一个空白的字段来标识，这样就会出现两个连续的 CR-LF，见表 2-1。

表 2-1　常用的 HTTP 请求头

协 议 头	说 明	示 例
Accept	可接受的响应内容类型（Content-Types）	Accept：text/plain
Accept-Charset	可接受的字符集	Accept-Charset：UTF-8
Accept-Encoding	可接受的响应内容的编码方式	Accept-Encoding：gzip，deflate
Accept-Language	可接受的响应内容语言列表	Accept-Language：en-US
Authorization	用于表示 HTTP 中需要认证资源的认证信息	Authorization：Basic OSdjJGRpbjpvcG-VuIANlc2SdDE==
Cache-Control	用来指定当前的请求/回复中的，是否使用缓存机制	Cache-Control：no-cache
Connection	客户端（浏览器）想要优先使用的连接类型	Connection：keep-alive Connection：Upgrade
Cookie	由之前服务器通过 Set-Cookie（见下文）设置的一个 HTTP cookie	Cookie：$Version=1；Skin=new；
Content-Length	以八进制表示的请求体的长度	Content-Length：348
Content-Type	请求体的 MIME 类型（用于 POST 和 PUT 请求中）	Content-Type：application/x-www-form-urlencoded
Date	发送该消息的日期和时间（以 RFC 7231 中定义的"HTTP 日期"格式来发送）	Date：Dec，26 Dec 2015 17：30：00 GMT
Host	表示服务器的域名以及服务器所监听的端口号。如果所请求的端口是对应的服务的标准端口（80），则端口号可以省略	Host：www.itbilu.com：80 Host：www.itbilu.com
Origin	发起一个针对跨域资源共享的请求（该请求要求服务器在响应中加入一个 Access-Control-Allow-Origin 的消息头，表示访问控制所允许的来源）	Origin：http://www.itbilu.com
Referer	表示浏览器所访问的前一个页面，可以认为是之前访问页面的链接将浏览器带到了当前页面。Referer 其实是 Referrer 这个单词，但 RFC 制作标准时给拼错了，后来也就将错就错使用 Referer 了	Referer：http://itbilu.com/nodejs
User-Agent	浏览器的身份标识字符串	User-Agent：Mozilla/……

③ 请求正文，请求正文主要用于发送一些参数。

2.1.5　响应数据包

微课 2-4　响应数据包

在接收和解释请求消息后，服务器返回一个 HTTP 响应消息。HTTP 响应也是由 3 个部分组成，分别是：状态行、消息报头、响应正文。

① 状态行格式如下：

HTTP-Version Status-Code Reason-Phrase CRLF

其中，HTTP-Version 表示服务器 HTTP 的版本；Status-Code 表示服务器发回的响应状态代码；Reason-Phrase 表示状态代码的文本描述。

状态代码由 3 位数字组成，第 1 个数字定义了响应的类别，且有 5 种可能取值：

- 1xx：指示信息—表示请求已接收，继续处理。
- 2xx：成功—表示请求已被成功接收、理解、接受。
- 3xx：重定向—要完成请求必须进行更进一步的操作。
- 4xx：客户端错误—请求有语法错误或请求无法实现。
- 5xx：服务器端错误—服务器未能实现合法的请求。

常见状态代码、状态描述、说明：

200 OK   //客户端请求成功

400 Bad Request   //客户端请求有语法错误，不能被服务器所理解

401 Unauthorized //请求未经授权，这个状态代码必须和 WWW-Authen-
                  //ticate 报头域一起使用

403 Forbidden   //服务器收到请求，但是拒绝提供服务

404 Not Found   //请求资源不存在，例如：输入了错误的 URL

500 Internal Server Error //服务器发生不可预期的错误

503 Server Unavailable   //服务器当前不能处理客户端的请求，一段时间后
                         //可能恢复正常

② 常用的 HTTP 响应头，见表 2-2。

表 2-2　常用的 HTTP 响应头

响 应 头	说 明	示 例
Access-Control-Allow-Origin	指定哪些网站可以跨域源资源共享	Access-Control-Allow-Origin：*
Allow	对于特定资源的有效动作	Allow：GET，HEAD
Cache-Control	通知从服务器到客户端内的所有缓存机制，表示它们是否可以缓存这个对象及缓存有效时间。其单位为秒	Cache-Control：max-age=3600
Connection	针对该连接所预期的选项	Connection：close
Content-Encoding	响应资源所使用的编码类型	Content-Encoding：gzip
Content-Language	响应内容所使用的语言	Content-Language：zh-cn
Content-Length	响应消息体的长度，用八进制字节表示	Content-Length：348
Content-Location	所返回的数据的一个候选位置	Content-Location：/index. htm
Content-Type	当前内容的 MIME 类型	Content-Type：text/html；charset=UTF-8

续表

响 应 头	说 明	示 例
Expires	指定一个日期/时间，超过该时间则认为此回应已经过期	Expires：Thu，01 Dec 1994 16：00：00 GMT
Last-Modified	所请求的对象的最后修改日期（按照 RFC 7231 中定义的"超文本传输协议日期"格式来表示）	Last-Modified：Dec，26 Dec 2015 17：30：00 GMT
Link	用来表示与另一个资源之间的类型关系，此类型关系是在 RFC 5988 中定义	Link：；rel="alternate"
Location	用于在进行重定向，或在创建了某个新资源时使用	Location：http://www.itbilu.com/nodejs
Proxy-Authenticate	要求在访问代理时提供身份认证信息	Proxy-Authenticate：Basic
Refresh	用于重定向，或者当一个新的资源被创建时。默认会在 5 s 后刷新重定向	Refresh：5；url=http://itbilu.com
Retry-After	如果某个实体临时不可用，那么此协议头用于告知客户端稍后重试。其值可以是一个特定的时间段（以秒为单位）或一个超文本传输协议日期	● 示例 1：Retry-After：120 ● 示例 2：Retry-After：Dec，26 Dec 2015 17：30：00 GMT
Server	服务器的名称	Server：nginx/1.6.3
Set-Cookie	设置 HTTP cookie	Set-Cookie：UserID=itbilu；Max-Age=3600；Version=1
Status	通用网关接口的响应头字段，用来说明当前 HTTP 连接的响应状态	Status：200 OK

③ 响应正文，响应正文主要是网页要显示的 HTML 内容。

2.2 Chrome 浏览器开发者工具使用

Chrome 浏览器开发者工具（DevTools 或 Developer Tools）是 Chrome 浏览器中内置的一组网页制作和调试工具。使用开发者工具可以有效地跟踪网页布局问题，设置断点对 JavaScript 代码进行调试，并获得代码优化的方案。

2.2.1 打开开发者工具

微课 2-5 打开开发者工具

可以用如下的方式打开开发者工具：
① 直接在页面上右击，然后在快捷菜单中选择"审查元素"或者"检查"。
② 打开浏览器工具菜单下的开发者工具。
③ 直接按 F12 键。
④ 使用快捷键 Ctrl+Shift+I 打开。
打开开发者工具后，界面如图 2-1 所示。

图 2-1

开发者工具包含了 Elements、Console、Sources、Network、Timeline、Profiles、Application、Security、Audits 这些功能面板。

这些面板的功能如下：

- Elements（元素）：查找网页源代码 HTML 中的任一元素，手动修改任一元素的属性和样式且能实时在浏览器里面得到反馈。
- Console（控制台）：记录开发者开发过程中的日志信息，且可以作为与 JS 进行交互的命令行 Shell。
- Sources（源码）：断点调试 JS。
- Network（网络）：从发起网页页面请求 Request 后分析 HTTP 请求后得到的各个请求资源信息（包括状态、资源类型、大小、所用时间等），可以据此进行网络性能优化。
- Timeline（时间线）：记录并分析在网站的生命周期内所发生的各类事件，以此可以提高网页运行的性能。
- Profiles（性能）：如果需要 Timeline 所能提供的更多信息时，可以尝试一下 Profiles，比如记录 JS CPU 执行时间细节、显示 JS 对象和相关的 DOM 节点的内存消耗、记录内存的分配细节。
- Application（应用）：记录网站加载的所有资源信息，包括存储数据（Local Storage、Session Storage、IndexedDB、Web SQL、Cookies）、缓存数据、字体、图片、脚本、样式表等。
- Security（安全）：判断当前网页是否安全。
- Audits（审查）：对当前网页进行网络利用情况、网页性能方面的诊断，并给出一些优化建议，比如列出所有没有用到的 CSS 文件等。

编写网络爬虫主要使用 Elements、Console、Network 这 3 个面板，下面分别进行介绍。

2.2.2 使用 Elements 面板分析 HTML

Elements 面板如图 2-2 所示。

微课 2-6 使用元素窗口分析 HTML

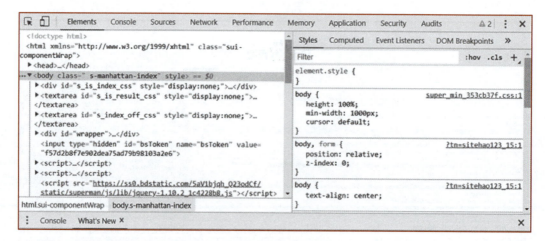

图 2-2

Elements 面板主要分两块大的部分：

左侧：HTML 结构面板

右侧：操作 DOM 样式、结构、时间的显示面板

如图 2-3 所示，在左侧窗口中，每当鼠标移动到任何一个元素的 HTML 源码上，对应的 HTML 视图中会给该元素加上蓝色的背景。

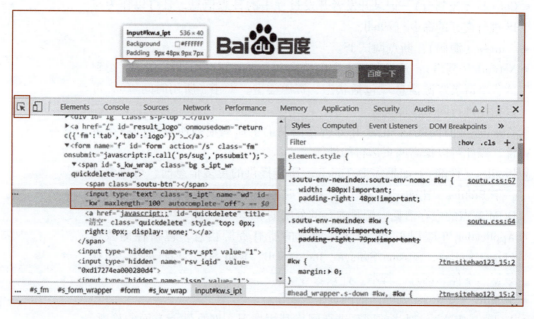

图 2-3

如图 2-4 所示，也可以通过单击左上角的按钮，直接在浏览器 HTML 视图中单击网页中某个元素，在窗口显示选中元素的 HTML 源码。

选中一个元素，右击弹出右键菜单，如图 2-5 所示。

- Add attribute：为该元素添加属性。
- Edit attribute：修改该元素的属性。

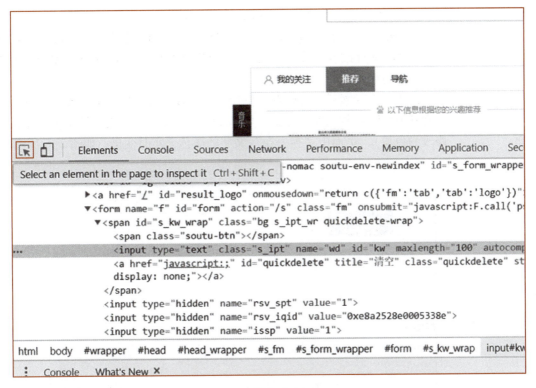

图 2-4

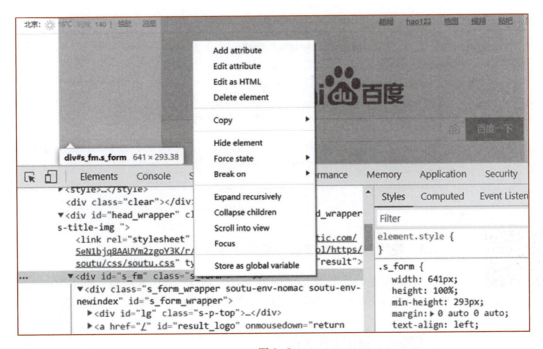

图 2-5

- Edit as HTML：编辑该元素（可以重写它的整个 content）甚至修改它的标签名称。
- Copy：复制该元素的信息，通过该功能可以复制元素的 CSS 选择器和

XPath，这个在编写网络爬虫时经常会用到。

- Break on：为该元素添加 DOM 操作事件监听，包含 3 个选项（树结构改变、属性改变、节点移除）。这个选项的作用是帮助监控和定位操作元素的代码。

选中一个元素后，可以在右侧窗口的 Styles 选项中编辑该元素的样式，并且看到 HTML 结构的实时更新，如修改颜色（按住 Ctrl 键，滚动鼠标中键可以修改颜色值），页面中"换一换"文字的颜色会实时变化，如图 2-6 所示。

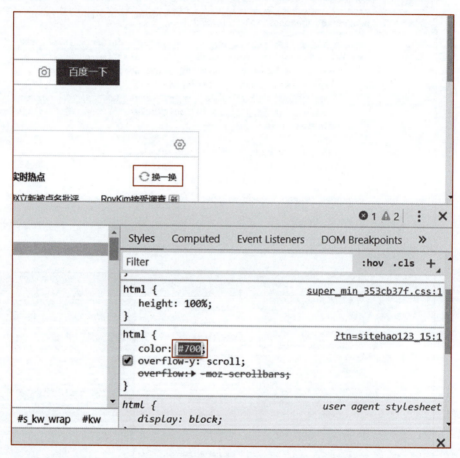

图 2-6

微课 2-7 Network
的功能

2.2.3 使用 Network 面板分析网络请求

Network 是一个监控当前网页所有的 HTTP 请求的面板，其主体部分展示的是每个 HTTP 请求，每个字段表示着该请求的不同属性和状态，如图 2-7 所示。

- Name：请求文件名称。
- Status：请求完成的状态。
- Type：请求的类型。
- Size：下载文件或者请求占的资源大小。
- Time：请求或下载的时间。
- Waterfall：该链接在发送过程中的时间状态轴（可以把鼠标移动到这些

红红绿绿的时间轴上，对应的会有它的详细信息：开始下载时间、等待
加载时间、自身下载耗时）。

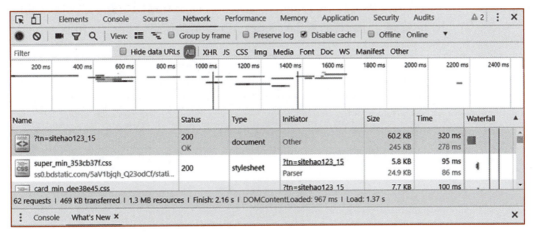

图 2-7

如图 2-8 所示，单击面板中的任意一条 HTTP 信息，会在底部弹出一个新
的面板，其中记录了该条 HTTP 请求的详细参数。

图 2-8

- Headers：表头信息、返回信息、请求基本状态。
- Preview：返回的格式化转移后文本信息。
- Response：转移之前的原始信息。
- Cookies：该请求带的 cookies。
- Timing：请求时间变化。

微课 2-8　资源
请求明细

在主面板的顶部，从左到右有一些按钮，它们的功能分别是：是否启用继
续 HTTP 监控（默认高亮选中）、清空主面板中的 HTTP 信息、是否启用过滤
信息选项（启用后可以对 HTTP 信息进行筛选）、列出多种属性、只列出 name
和 time 属性、Disable cache。如图 2-9 所示。

图 2-9

2.2.4　使用 Console 面板

在开发者工具中的 Console 面板，可以查看错误信息、打印调试信息、调试 JS 代码，还可以查看 JavaScript API 的帮助信息，如图 2-10 所示。

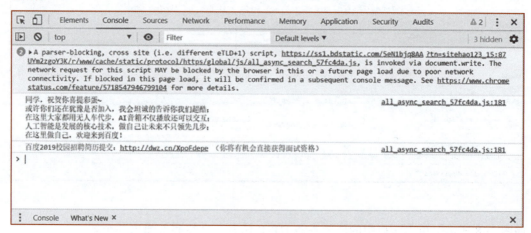

图 2-10

百度在 Console 中输出了一段招聘信息，如果想清空控制台，可以单击左上角那个 🚫 来清空，当然也可以通过在控制台输入"console.clear()"来实现清空控制台信息。

控制台的核心对象是 Console 对象，如果想查看 Console 对象都有哪些方法和属性，可以直接在 Console 中输入"console"并执行；或者用"console.dir（console）"，同样可以实现查看 Console 对象的方法和属性，如图 2-11 所示。

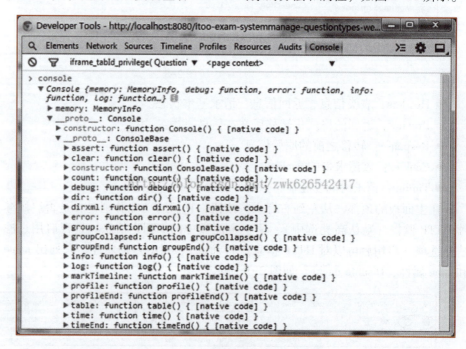

图 2-11

console. log( )/console. info( )/console. warn( )/console. error( )

打印内容/输出信息/输出警告/输出错误

如在控制台输入如下内容：

console. log("打印内容");

console. info("输出信息");

console. warn("输出警告");

console. error("输出错误");

显示如图 2–12 所示。

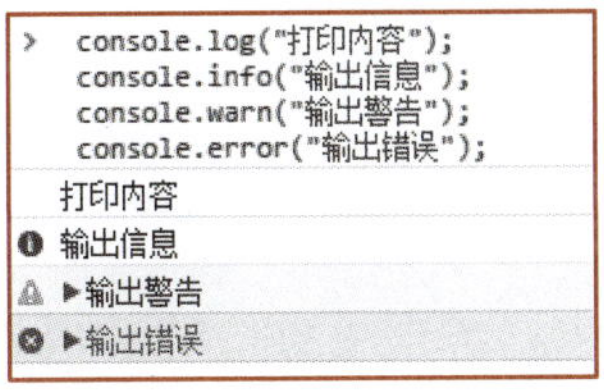

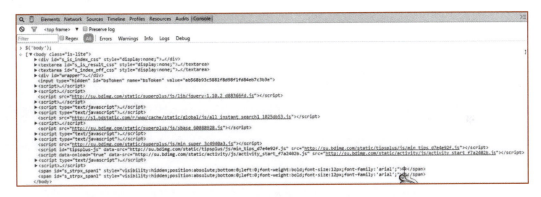

图 2–12

在 Console 中支持 **jQuery 的选择器**。也就是说，可以用$加上熟悉的 CSS 选择器来选择 DOM 节点，如图 2–13 所示。

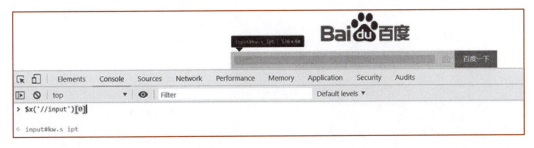

图 2–13

在 Console 中也可以验证 XPath，语法是$x("your_xpath_selector")。注意：语法中括号里需要通过双引号括起来，如果 XPath 语句中有双引号，要改成单引号，不然只能解析到第 1 对双引号的内容，如图 2–14 所示。

图 2–14

第3章

urllib 库使用

知识目标:

1) 了解 urllib 库的使用步骤
2) 了解代理的作用
3) 了解 Cookie 的作用

能力目标:

1) 能够使用 urllib 库发送 get 和 post 请求
2) 能够更换代理
3) 能够保存和读取 Cookie 中的数据

在上一章已了解了 HTTP 的原理和掌握了 Chrome 浏览器开发者工具的使用，现在能够分析网页的内容和通信过程，能够确定要采集的信息所处的 DOM 节点。这一章将介绍如何**使用 urllib 库与采集数据目标网站进行通信，测试其有没有相应的反爬措施**。

3.1 获取网页内容

微课 3-1 获取网页内容

urllib 是 Python 提供的一个用于操作 URL 的模块。在 Python 2 中，有 urllib 库和 urllib2 库。在 Python 3 中，urllib2 库合并到 urllib 库中。本章介绍 Python 3 中的 urllib 库的使用，它包括以下模块：

- urllib. request：请求模块
- urllib. error：异常处理模块
- urllib. parse：URL 解析模块
- urllib. robotparser：robots. txt 解析模块

3.1.1 使用 urllib 库获取网页内容

微课 3-2 使用 urllib 库获取网页内容

使用 urllib 库可以很方便地给 Web 服务器发送请求，并获取相应的网页响应内容。下面是一个简单的示例，通过 urllib 库去获取百度首页的网页内容。

```
1.    from urllib. request import urlopen
2.    response = urlopen("http://www.baidu.com")
3.    print(response. read(). decode())
```

上面代码执行后在控制台会打印百度首页的内容，读者可以自己尝试一下。

3.1.2 urlopen 参数

微课 3-3 urlopen 参数

关于 urllib. request. urlopen 参数的介绍：

```
urllib. request. urlopen(url, data = None, [timeout, ] *, cafile = None, capath = None,
cadefault = False, context = None)
```

- url：发送请求的网址，它可以是字符串或请求对象。
- data：一个指定要发送到服务器的附加数据的对象，或者如果不需要此类数据，该参数则为"None"。
- timeout：超时参数，是可选的。指定阻塞操作（如连接尝试）的超时，以秒为单位，如果未指定，将使用全局默认超时设置。这实际上只适用于 HTTP、HTTPS 和 FTP 连接。

以上这 3 个参数是最常用的。下面的几个参数都和 HTTPS（超文本传输安全协议）有关。

- contenxt：上下文，如果指定了上下文，则它必须是描述各种 SSL 选项的 ssl. SSLContext 实例。

- cafile 和 capath：这两个参数都是可选的，为 HTTPS 请求指定一组受信任的 CA 证书。cafile 应该指向包含一系列 CA 证书的单个文件，而 capath 应该指向散列证书文件的目录。
- cadefault：此参数经常被忽略。

3.1.3　Request 对象

可以将 URL 先构造成一个 Request 对象，传进 urlopen，Request 对象存在的意义是便于在请求的时候传入一些信息。

微课 3-4　Request
对象-响应类型
与响应头

```
class urllib. request. Request( url, data＝None, headers＝{ }, origin_req_host＝None,
unverifiable＝False，method＝None)
```

- url：发送请求的网址，它必须是字符串。
- data：一个指定要发送到服务器的附加数据的对象，如果不需要此类数据，此参数为"None"。对于 HTTP POST 请求方法，数据应该是/x-www-form-urlencoded 格式。urllib. parse. urlencode( ) 函数接受 2 个元组的映射或序列，并返回此格式的 ASCII 字符串。在用作数据参数之前，应该将其编码为字节。
- header：应该是一个字典，并且将被视为每个键和值作为参数调用了 add_header( )。这通常用于"欺骗" User-Agent 值，浏览器使用该值来标识自身———一些 HTTP 服务器只允许来自普通浏览器的请求，而不允许来自脚本的请求。例如，Mozilla Firefox 可以将自己标识为"mozilla/5. 0(x11；u；linux i686) gecko/20071127 firefox/2. 0. 0. 11"，而 urllib 的默认用户代理字符串是"Python urllib/3. 6"。

如果存在数据参数，则应包含适当的 Content-Type 头。如果未提供此标题，并且数据不是"无"，则将默认添加 Content-Type 类型：application/x-www-form-urlencoded。

最后两个参数只用于正确处理第三方 HTTP cookie。

- origin_req_host：是源站事务的请求主机，如 RFC2965 所定义，它默认为 http. cookiejar. request_host(self)。这是由用户启动的原始请求的主机名或 IP 地址。
- unverifiable：指出请求是否是不可验证的，如 RFC2965 所定义的，它默认为 False。无法验证的请求是用户没有可供批准的 URL 的请求。例如，如果请求是针对 HTML 文档中的图像，并且用户没有批准自动提取图像的选项，那么这里的值是 True。
- method：一个字符串，指示将使用的 HTTP 请求方法（如"head"）。如果提供，则其值存储在 method 属性中，并由 get_method( )使用；如果数据为"无"，则默认值为"get"，否则为"post"。

示例：

```
1.    from urllib import request, parse
2.    url＝'http：//www. hao123. com'
3.    headers＝{
```

```
4.        'User-Agent':'Mozilla/5.0（Macintosh；Intel Mac OS X 10_12_4）AppleWebKit/
      537.36（KHTML，like Gecko）Chrome/55.0.2883.95 Safari/537.36'
5.    }
6.    d = { 'name':'admin'}
7.    data = bytes（parse.urlencode（d），encoding = 'utf-8'）
8.    #利用 Request 将 headers、dict、data 整合成一个对象传入 urlopen
9.    req = request.Request（url，data，headers，method = 'POST'）
10.   response = request.urlopen（req）
11.   print（response.read（）.decode（'utf-8'））
```

微课 3-5 发送 get
请求

3.2 发送 get 请求

3.2.1 get 请求的特点

get 请求一般用于向服务器获取数据，比如说，用百度搜索"爬虫"，地址栏会显示：https://www.baidu.com/s？wd=爬虫，如图 3-1 所示。

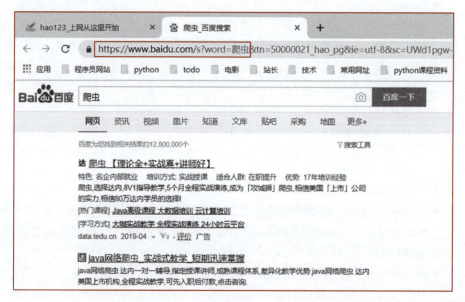

图 3-1

get 把请求的数据放在 URL 上，即 HTTP 头上，其格式为：以?分割 URL 和传输数据，参数之间以 & 相连。

数据如果是英文字母/数字，原样发送；如果是空格，将空格转换为+；如果是中文/其他字符，则直接把字符串用 BASE64 加密，即"%"加上"字符串的十六进制 ASCII 码值"。

get 提交的数据最大是 2 KB，原则上 URL 长度无限制，限制实际上取决于浏览器，大多数浏览器通常都会限制 URL 长度在 2 KB。

3.2.2 请求参数设置

一般 HTTP get 请求提交数据,数据需要编码成 URL 编码格式,然后作为 URL 的一部分,或者作为参数传到 Request 对象中。编码工作使用 urllib. parse 的 urlencode( )函数,将 key:value 这样的键/值对转换成"key = value"这样的字符串,解码工作可以使用 urllib. parse 的 unquote( )函数。

微课 3-6 get 请求
示例

微课 3-7 get 请求
参数设置

```
1.   import urllib. parse
2.   word = {"wd" : "爬虫"}
3.   # 通过 urllib. urlencode( )方法,将字典键/值对按 URL 编码转换,从而能被 Web 服
     #务器接收
4.   result = urllib. parse. urlencode( word)
5.   print( result)
6.   # 通过 urllib. unquote( )方法,把 URL 编码字符串,转换回原先字符串
7.   print( urllib. parse. unquote( result) )
```

执行上面的代码,输出如下:

wd = %E7%88%AC%E8%99%AB

wd = 爬虫

[Finished in 0. 2s]

使用 get 请求访问百度首页的完整示例:

```
1.   import urllib. parse
2.   import urllib. request
3.   url = "http://www. baidu. com/s"
4.   word = {"wd":"爬虫"}
5.   word = urllib. parse. urlencode( word)          #转换成 URL 编码格式(字符串)
6.   newurl = url + "?" + word                       # URL 首个分隔符就是 ?
7.   headers = { "User-Agent" : "Mozilla/5. 0 ( Windows NT 10. 0; WOW64) AppleWeb-
     Kit/537. 36 ( KHTML, like Gecko) Chrome/51. 0. 2704. 103 Safari/537. 36"}
8.   request = urllib. request. Request( newurl, headers = headers)
9.   response = urllib. request. urlopen( request)
10.  print ( response. read( ))
```

3.3 发送 post 请求

微课 3-8 发送 post
请求

3.3.1 post 请求的特点

get 和 post 都是 HTTP 与服务器交互的方式,post 把数据放在 HTTP 的包体内(request body)。post 提交的数据大小理论上没有限制。

前面介绍的 Request 请求对象中有一个 data 参数,它就是用在 post 请求的,要传送的数据就是这个参数。data 是一个字典,将要发送的数据以键/值对的

微课 3-9 post 请求
的特点

形式放在里面就可以了。

3.3.2 post 请求实例

豆瓣电影 Top 250，即历史上最著名的 250 部电影列表，如图 3-2 所示。

图 3-2

豆瓣电影 Top 250 提供了一种获取数据的 post 请求方式 https://movie.douban.com/j/chart/top_list，可以将下面的数据用 post 请求发送到这个地址。

```
formdata = {
    'type':'11',              #类型
    'interval_id':'100:90',
    'action':'',
    'start':'0',              #开始序号
    'limit':'10'              #每次返回的记录数
}
```

完整的代码如下：

```
1.    import urllib. request
2.    import urllib. parse
3.    import json
4.    url = "https://movie. douban. com/j/chart/top_list?"
5.    headers = {
```

```
6.        'User-Agent':'Mozilla/5.0 (Macintosh; Intel Mac OS X 10_12_4) AppleWebKit/
      537.36 (KHTML, like Gecko) Chrome/55.0.2883.95 Safari/537.36'
7.    }
8.
9.    # 处理所有参数
10.   formdata = {
11.       'type':'11',
12.       'interval_id':'100;90',
13.       'action':'',
14.       'start':'0',
15.       'limit':'10'
16.   }
17.   data = urllib.parse.urlencode(formdata).encode()
18.
19.   request = urllib.request.Request(url, data = data, headers = headers)
20.   response = urllib.request.urlopen(request)
21.
22.   print(json.loads(response.read()))
```

3.4 修改 useragent

3.4.1 使用 fake-useragent 库

微课 3-10 使用
fake-useragent 库

fake-useragent 是一个第三方库，可以伪装生成 headers 请求头中的 user-agent 值。有了这个库，就再也不用重复去做复制粘贴各种浏览器的 user-agent 值这种重复性的工作了。

安装：

```
pip install fake-useragent
```

3.4.2 设置 useragent

使用 fake-useragent，首先需要创建一个 UserAgent 对象，UserAgent 对象有一个 random 属性，通过访问这个属性，每次都会返回一个随机的 user-agent 的值，这个值有可能是 IE 浏览器的 user-agent，也有可能是 Chrome 或者 Firefox 浏览器的。

微课 3-11 设置
useragent

```
1.    from fake_useragent import UserAgent
2.    ua = UserAgent(verify_ssl=False)
3.    print(ua.random)
```

UserAgent 对象中也提供了返回某种特定浏览器的 user-agent 的属性。

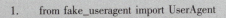

```
4.    from fake_useragent import UserAgent
5.    ua = UserAgent(verify_ssl=False)
6.    #IE 浏览器的 user agent
7.    print(ua.ie)
8.    #Mozilla/5.0 (Windows; U; MSIE 9.0; Windows NT 9.0; en-US)
9.    #Opera 浏览器
10.   print(ua.opera)
11.   #Opera/9.80 (X11; Linux i686; U; ru) Presto/2.8.131 Version/11.11
12.   #Chrome 浏览器
13.   print(ua.chrome)
14.   #Mozilla/5.0 (Windows NT 6.1) AppleWebKit/537.2 (KHTML, like Gecko)
      #Chrome/22.0.1216.0 Safari/537.
15.   #Firefox 浏览器
16.   print(ua.firefox)
17.   #Mozilla/5.0 (Windows NT 6.2; Win64; x64; rv:16.0.1) Gecko/20121011
      #Firefox/16.0.1
18.   #Safri 浏览器
19.   print(ua.safari)
20.   #Mozilla/5.0 (iPad; CPU OS 6_0 like Mac OS X) AppleWebKit/536.26 (KHTML,
      #like Gecko) Version/6.0
```

3.5　使用代理

3.5.1　代理介绍

微课 3-12　代理
分类

很多网站会检测某一段时间某个 IP 地址的访问次数（通过流量统计、系统日志等），如果访问次数多得不正常，网站会禁止这个 IP 地址的访问。因此可以设置一些代理服务器，每隔一段时间换一个代理，就算一个 IP 地址被禁止，依然可以换个 IP 地址继续爬取。

代理（Proxy）：也称网络代理，是一种特殊的网络服务，允许一个网络终端（一般为客户端）通过这个服务与另一个网络终端（一般为服务器）进行非直接的连接。一些网关、路由器等网络设备具备网络代理功能。一般认为代理服务有利于保障网络终端的隐私或安全，防止攻击。

代理服务器（Proxy Server）：提供代理服务的计算机系统或其他类型的网络终端。

代理服务器按照功能分，可以分为以下几种：

1. HTTP 代理

能够代理客户机的 HTTP 访问，主要是代理浏览器访问网页，它的端口一般为 80、8080、3128 等。

2. FTP 代理

能够代理客户机上的 FTP 软件访问 FTP 服务器，它的端口一般为

21、2121。

3. RTSP 代理

代理客户机上的 Realplayer 访问 Real 流媒体服务器的代理，其端口一般为 554。

4. SOCKS 代理

SOCKS 代理与其他类型的代理不同，它只是简单地传递数据包，而并不关心是何种应用协议，所以 SOCKS 代理服务器比其他类型的代理服务器速度要快得多。SOCKS 代理又分为 SOCKS4 和 SOCKS5，二者的不同之处是 SOCKS4 代理只支持传输控制协议（TCP），而 SOCKS5 代理则既支持 TCP 又支持 UDP（用户数据包协议），还支持各种身份验证机制、服务器端域名解析等。SOCKS4 能做到的 SOCKS5 都可做到，但 SOCKS5 能够做到的 SOCKS4 则不一定能做到，比如常用的聊天工具 QQ 在使用代理时就要求用 SOCKS5 代理，因为它需要使用 UDP 来传输数据。

从另一个角度来说，代理又可以分为 3 类，即高度匿名代理、普通匿名代理和透明代理。

1. 高度匿名代理

不改变客户机的请求，这样在服务器看来就像有个真正的客户浏览器在访问它，这时客户的真实 IP 地址是隐藏的，服务器端不会认为客户使用了代理。

2. 普通匿名代理

能隐藏客户机的真实 IP 地址，但会改编请求信息，服务器端有可能会认为客户使用了代理。

3. 透明代理

它不但改变请求信息，还会传送真实的 IP 地址。

网上有很多提供免费代理的网站，比如西刺免费代理，如图 3-3 所示。

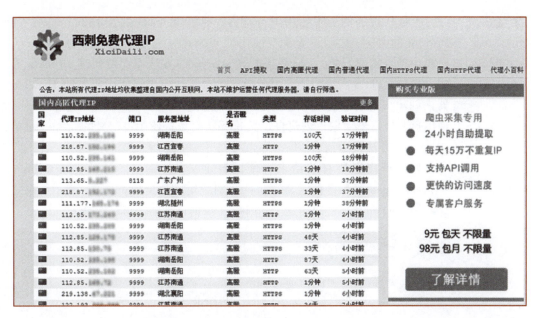

图 3-3

建议尽量使用收费的代理，免费的代理很不稳定。

3.5.2 使用代理服务器

urllib. request 中通过 ProxyHandler 来设置使用代理服务器。下面通过代码说明如何使用自定义 opener 来使用代理。

```
1.  import urllib. request
2.
3.  # 构建代理 Handler
4.  httpproxy_handler = urllib. request. ProxyHandler({"http" : "124. 88. 67. 81:80"})
5.  nullproxy_handler = urllib. request. ProxyHandler({})
6.  opener = urllib. request. build_opener(httpproxy_handler)
7.  request = urllib. request. Request("http://www. baidu. com/")
8.
9.  # 1. 如果这么写,只有使用 opener. open()方法发送请求才使用自定义的代理,
    #而 urlopen()则不使用自定义代理。
10. response = opener. open(request)
11.
12. # 2. 如果这么写,就是将 opener 应用到全局,之后所有的,不管是 opener. open()
    #还是 urlopen() 发送请求,都将使用自定义代理。
13. # urllib. request. install_opener(opener)
14. # response = urlopen(request)
15.
16. print (response. read(). decode())
```

3.5.3 创建打开器

上面代理的例子中使用了打开器，打开器 opener 是 urllib. request. Opener-Director 的实例。之前一直都在使用的 urlopen，它是一个特殊的 opener（也就是模块帮着构建好的）。但是基本的 urlopen() 方法不支持代理、cookie 等其他的 HTTP/HTTPS 高级功能。因此要支持这些功能必须使用相关的 Handler 处理器来创建特定功能的处理器对象；然后通过 urllib. request. build_opener() 方法使用这些处理器对象，创建自定义 opener 对象；使用自定义的 opener 对象，调用 open() 方法发送请求。

如果程序里所有的请求都使用自定义的 opener，可以使用 urllib. reque-st. install_opener() 将自定义的 opener 对象定义为全局 opener，表示如果之后凡是调用 urlopen，都将使用这个 opener（根据自己的需求来选择）。

```
1.  import urllib. request
2.
3.  # 构建一个 HTTPHandler 处理器对象,支持处理 HTTP 请求
4.  http_handler = urllib. request. HTTPHandler()

5.  # 构建一个 HTTPHandler 处理器对象,支持处理 HTTPS 请求
```

```
6.   # http_handler = urllib. request. HTTPSHandler()
7.
8.   # 调用 urllib. request. build_opener()方法,创建支持处理 HTTP 请求的 opener 对象
9.   opener = urllib. request. build_opener(http_handler)
10.
11.  # 构建 Request 请求
12.  request = urllib. request. Request("http://www. baidu. com/")
13.
14.  # 调用自定义 opener 对象的 open()方法,发送 Request 请求
15.  response = opener. open(request)
16.
17.  # 获取服务器响应内容
18.  print (response. read(). decode())
```

3.6 使用 cookie

3.6.1 cookie 和 session

HTTP 是无状态的面向连接的协议,为了保持连接状态,引入了 cookie 和 session 机制。

微课 3-15 理解 session

cookie 是指某些网站服务器为了辨别用户身份和进行 session 跟踪,而储存在用户浏览器上的文本文件,cookie 可以保持登录信息到用户下次与服务器的会话。

cookie 包括如下内容:

- cookie 名字(Name)
- cookie 的值(Value)
- cookie 的过期时间(Expires/Max-Age)
- cookie 作用路径(Path)
- cookie 所在域名(Domain)
- cookie 格式如下:

Set-Cookie:NAME=VALUE;Expires=DATE;Path=PATH;Domain=DOMAIN_NAME;SECURE

session 称为"会话控制"。session 在服务端存储特定用户会话所需的属性及配置信息。这样,当用户在网页之间跳转时,存储在 session 对象中的变量将不会丢失,而是在整个用户会话中一直存在下去。当用户请求网页时,如果该用户还没有会话,则 Web 服务器将自动创建一个 session 对象。当会话过期或被放弃后,服务器将终止该会话。当一个 session 第一次被启用时,一个唯一的标识被存储于本地的 cookie 中。

3.6.2 使用 cookielib

微课 3-16 使用 cookielib

在 Python 处理 cookie,一般是通过 CookieJar 模块和 urllib 模块的 HTTP-

CookieProcessor 处理器类一起使用。

CookieJar 模块：主要作用是提供用于存储 cookie 的对象，该模块主要的对象有 CookieJar、FileCookieJar、MozillaCookieJar、LWPCookieJar。

HTTPCookieProcessor 处理器：主要作用是处理这些 cookie 对象，并构建 handler 对象。

```
1.   import urllib
2.   from http import cookiejar
3.
4.   # 构建一个 CookieJar 对象实例来保存 cookie
5.   cookiejar = cookiejar. CookieJar( )
6.
7.   # 使用 HTTPCookieProcessor( )来创建 cookie 处理器对象，参数为 CookieJar( )对象
8.   handler = urllib. request. HTTPCookieProcessor( cookiejar)
9.
10.  # 通过 build_opener( ) 来构建 opener
11.  opener = urllib. request. build_opener( handler)
12.
13.  # 以 get 方法访问页面，访问之后会自动保存 cookie 到 CookieJar 中
14.  opener. open( "http://www. baidu. com" )
15.
16.  ## 可以按标准格式将保存的 cookie 打印出来
17.  cookieStr = " "
18.  for item in cookiejar：
19.      cookieStr = cookieStr + item. name + " =" + item. value + " ；"
20.
21.  ## 舍去最后一位的分号
22.  print ( cookieStr[ :-1] )
```

微课 3-17 获取登录后的 cookie

3.6.3 获取登录后的 cookie

下面的例子是先模拟登录微博，然后使用登录后保存的 cookie 去访问微博的其他页面。这些页面如果不登录是不能正常访问的。

模拟登录要注意以下几点：

● 登录一般都会先有一个 HTTP get，用于拉取一些信息及获得 cookie，然后再进行 HTTP post 登录。

● HTTP post 登录的链接有可能是动态的，从 get 返回的信息中获取。

● password 有些是明文发送，有些是加密后发送。有些网站甚至采用动态加密处理，同时包括了很多其他数据的加密信息，只能通过查看 JS 源码获得加密算法，再去破解加密，非常困难。

● 大多数网站的登录整体流程是类似的，可能有些细节不一样，所以不能保证其他网站登录成功。

```
1.    import urllib. request
2.    import http. cookiejar
3.    import urllib. parse
4.
5.    # 创建一个 CookieJar 对象
6.    cookie = http. cookiejar. CookieJar( )
7.    # 根据 CookieJar 对象创建 handler 对象
8.    handler = urllib. request. HTTPCookieProcessor( cookie)
9.    # 根据 handler 对象创建一个 opener 对象
10.   opener = urllib. request. build_opener( handler)
11.
12.   # 通过代码模拟登录
13.   post_url = 'https://passport. weibo. cn/sso/login'
14.   data = {
15.       'username': '',            #输入自己的用户名
16.       'password': '',            #输入自己的密码
17.       'savestate': '1',
18.       'r': 'http://weibo. cn/',
19.       'ec': '0',
20.       'pagerefer': '',
21.       'entry': 'mweibo',
22.       'wentry': '',
23.       'loginfrom': '',
24.       'client_id': '',
25.       'code': '',
26.       'qq': '',
27.       'mainpageflag': '1',
28.       'hff': '',
29.       'hfp': '',
30.   }
31.   data = urllib. parse. urlencode( data). encode('UTF-8')
32.   headers = {
33.       'Host': 'passport. weibo. cn',
34.       'Connection': 'keep-alive',
35.       'Origin': 'https://passport. weibo. cn',
36.       'User-Agent': 'Mozilla/5. 0 (Windows NT 6. 1; Win64; x64) AppleWebKit/
              537. 36 (KHTML, like Gecko) Chrome/63. 0. 3239. 108 Safari/537. 36',
37.       'Content-Type': 'application/x-www-form-urlencoded',
38.       'Accept': '*/*',
39.       'Referer': 'https://passport. weibo. cn/signin/login? entry = mweibo&r = http%
              3A%2F%2Fweibo. cn%2F&backTitle=%CE%A2%B2%A9&vt=',
40.       'Accept-Language': 'zh-CN,zh;q=0. 9',
41.   }
42.
```

```
43.    # 构建请求
44.    request = urllib. request. Request( url = post_url, data = data, headers = headers)
45.    # 发送请求
46.    response = opener. open( request)
47.
48.    # 打印登录后的 cookie
49.    print( {item. name : item. value for item in cookie} )
50.
51.    url = 'https://weibo. cn/6388179289/info'    #将 6388179289 修改成自己的 id 号
52.    headers1 = {
53.        'User - Agent' : ' Mozilla/5. 0 ( Windows NT 6. 1; Win64; x64) AppleWebKit/
           537. 36 ( KHTML, like Gecko) Chrome/63. 0. 3239. 108 Safari/537. 36',
54.    }
55.    request = urllib. request. Request( url = url, headers = headers1)
56.    # 因为 opener 已经保存了登录之后的 cookie 信息,所以再使用 opener 去访问其他
       # 的页面
57.
58.    response = opener. open( request)
59.    print( response. read( ). decode( 'UTF-8') )
```

微课 3-18 显示
调试信息

3.7　显示调试信息

在 urllib 库中提供显示调试信息的功能,可以通过下面的方法把调试信息打开,这样收发包的内容就会在屏幕上打印出来,方便调试。

```
1.    from urllib. request import HTTPHandler
2.    from urllib. request import build_opener
3.    from urllib. request import Request
4.
5.    handler = HTTPHandler( debuglevel = 1)
6.    opener = build_opener( handler)
7.    url = "http://www. sohu. com"
8.    request = Request( url)
9.    response = opener. open( request)
```

第4章

Requests 库的使用

知识目标：

1) 了解 Requests 库和 urllib 库的区别
2) 了解 Requests 库的基本使用方法
3) 了解 Requests 库的高级使用方法

能力目标：

1) 能够使用 Requests 发送网络请求
2) 能够定制请求头
3) 能够使用 Requests 发送 HTTPS 请求

urllib 库的功能已经足够强大，可以满足大多数 HTTP 请求的需要，但它的使用略显烦琐。这一章将使用一个新的 HTTP 库 Requests 去完成同一个任务。Requests 库在 urllib 库基础上做了更多的封装，使用起来更加方便，可以提高开发效率。

4.1 Requests 库

微课 4-1 Requests
库介绍

4.1.1 Requests 库介绍

Requests 库是一个第三方的 HTTP 库，如图 4-1 所示。Requests 库继承了 urllib 库的所有特性，但更加简单好用。就像 Requests 官网所宣称的那样，Requests 库的目标是：让 HTTP 服务人类。在 Requests 官网上有一段文字："非专业使用其他 HTTP 库会导致危险的副作用，包括：安全缺陷症、冗余代码症、重新发明轮子症、啃文档症、抑郁、头疼，甚至死亡。而 Requests 是唯一的一个非转基因的 Python HTTP 库，人类可以安全享用。"虽然这段文字有开玩笑的成分，但也恰恰说明了 Requests 库的特点。

图 4-1

Requests 库包含的功能特性：
- Keep-Alive 和连接池
- 国际化域名和 URL
- 带持久 cookie 的会话
- 浏览器式的 SSL 认证
- 自动内容解码
- 基本/摘要式的身份认证
- 优雅的键/值对 cookie
- 自动解压
- Unicode 响应体

- HTTP(S)代理支持
- 连接超时

使用 Requests 库，不需要手动为 URL 添加查询字符串，也不需要对 post 数据进行表单编码。而且在 Requests 库中 Keep-Alive 和 HTTP 连接池的功能是 100% 自动化的。

4.1.2　Requests 库安装

因为 Requests 是一个第三方的库，所以在使用前必须要先安装：

```
pip install requests
```

微课 4-2　Requests
库安装

4.2　Requests 库基本使用

4.2.1　发送请求

使用 Requests 库发送网络请求非常简单。一开始要导入 Requests 模块：

```
import requests
```

然后，尝试获取某个网页。

在本章的大部分示例中，都以 http://httpbin.org 网站为测试 Web 服务器。httpbin 这个网站能测试 HTTP 请求和响应的各种信息，比如 cookies、IP、headers 和登录验证等，且支持 get、post 等多种方法，对 Web 开发和测试很有帮助。它用 Python+Flask 编写，是一个开源项目。

Requests 库为每一种 HTTP 请求类型，如 get、post、put、delete、head 以及 options，都提供了一个相应的方法，使用起来非常方便：

```
1.   r = requests.get('http://httpbin.org/get')
2.   r = requests.post('http://httpbin.org/post', data = {'key':'value'})
3.   r = requests.put('http://httpbin.org/put', data = {'key':'value'})
4.   r = requests.delete('http://httpbin.org/delete')
5.   r = requests.head('http://httpbin.org/head')
6.   r = requests.options('http://httpbin.org/options')
```

4.2.2　传递 URL 参数

发送 get 请求经常需要使用 URL 的查询字符串（query string）传递某种数据。以前通常使用字符串拼接的形式构建 URL，将数据放在一个问号的后面，以键/值对的形式置于 URL 中。例如：

```
httpbin.org/get?key=val
```

Requests 库允许使用 params 关键字参数，以一个字典来提供这些参数。举例来说，如果要传递 key1＝value1 和 key2＝value2 到 httpbin. org/get ，那么可以使用如下代码：

```
1.  import requests
2.  payload = {'key1': 'value1', 'key2': 'value2'}
3.  r = requests. get("http://httpbin. org/get", params=payload)
4.  #通过打印输出该 URL,能看到 URL 已被正确编码
5.  print(r. url)
6.  #http://httpbin. org/get?key2=value2&key1=value1
```

这里需要注意：字典里值为 None 的键都不会被添加到 URL 的查询字符串里。

也可以将一个列表作为值传入，用于传送同一名字的多个值，代码如下：

```
1.  import requests
2.  payload = {'key1': 'value1', 'key2': ['value2', 'value3']}
3.  r = requests. get('http://httpbin. org/get', params=payload)
4.  print(r. url)
5.  #http://httpbin. org/get?key1=value1&key2=value2&key2=value3
```

4.2.3　响应内容

Requests 库发送请求后，都会收到一个响应对象：

```
r = requests. get('http://httpbin. org/get')
```

r 就是一个响应对象。响应对象提供了一些属性，可以获取对应的数据，具体属性如下。

- url：返回完整的 URL 地址。
- encoding：返回响应头部字符编码。
- status_code：返回响应码。
- text：以 Unicode 字符串形式返回响应内容，会自动解码。
- content：以字节流（二进制）形式返回响应内容。

4.2.4　定制请求头

如果想为请求添加 HTTP 头部，只要简单地传递一个 dict 给 headers 参数就可以了。例如，在 headers 中指定 user-agent 的代码如下：

```
1.  import requests
2.  url = 'http://httpbin. org/get '
3.  headers = {"User-Agent": "Mozilla/5. 0 (Windows NT 10. 0; Win64; x64) AppleWebKit/537. 36 (KHTML, like Gecko) Chrome/54. 0. 2840. 99 Safari/537. 36"}
4.  r = requests. get(url, headers=headers)
```

4.2.5 JSON 响应内容

Requests 库中也有一个内置的 JSON 解码器，用于处理 JSON 数据。

```
1.   import requests
2.   r = requests. get('https://api. github. com/events')
3.   print( r. json( ) )
4.   #[ { u'repository': { u'open_issues': 0, u'url': 'https://github. com/...
```

如果 JSON 解码失败，r. json( )就会抛出一个异常。例如，响应内容是 401（Unauthorized），尝试访问 r. json( ) 将会抛出 ValueError：No JSON object could be decoded 异常。

4.3 Requests 库高级用法

4.3.1 设置代理

如果需要使用代理，可以通过为任意请求方法提供 proxies 参数来配置。

```
1.   import requests
2.   proxies = {
3.     "http" : "http://10. 10. 1. 10:3128",
4.     "https" : "http://10. 10. 1. 10:1080",
5.   }
6.   requests. get("http://example. org", proxies=proxies)
```

4.3.2 使用 cookies

要想发送 cookies 到服务器，可以使用 cookies 参数。

```
1.   import requests
2.   url = 'http://httpbin. org/cookies'
3.   cookies = dict(cookies_are='working')
4.   r = requests. get(url, cookies=cookies)
5.   print( r. text)
6.   #'{ "cookies" : { "cookies_are" : "working" } }'
```

cookies 的返回对象为 RequestsCookieJar，它的行为和字典类似，但接口更为完整，适合跨域名跨路径使用。还可以把 CookiesJar 传到 Requests 中。

```
1.   import requests
2.   jar = requests. cookies. RequestsCookieJar( )
3.   jar. set('tasty_cookies', 'yum', domain='httpbin. org', path='/cookies')
4.   jar. set('gross_cookie', 'blech', domain='httpbin. org', path='/elsewhere')
5.   url = 'http://httpbin. org/cookies'
```

```
6.    r = requests.get(url, cookies=jar)
7.    print(r.text)
8.    #'{"cookies": {"tasty_cookie": "yum"}}'
```

如果某个响应中包含一些 cookies，可以快速访问它们：

```
1.    import requests
2.    url = 'http://example.com/some/cookies/setting/url'
3.    r = requests.get(url)
4.    print(r.cookies['example_cookie_name'])
5.    #'example_cookie_value'
```

4.3.3　session 会话对象

Requests 库中提供了一个会话对象（session），用以跨请求保持某些参数。它也会在同一个 session 实例发出的所有请求之间保持 cookies，底层主要使用了 urllib 库的连接池（connection pooling）功能。所以如果向同一主机发送多个请求，底层的 TCP 连接将会被重用，从而带来显著的性能提升。

会话对象具有主要的 Requests API 的所有方法。

跨请求保持一些 cookies 的示例如下：

```
1.    import requests
2.    s = requests.Session()
3.    s.get('http://httpbin.org/cookies/set/sessioncookies/123456789')
4.    r = s.get("http://httpbin.org/cookies")
5.    print(r.text)
6.    # '{"cookies": {"sessioncookies": "123456789"}}'
```

会话也可用来为请求方法提供默认数据。这是通过为会话对象的属性提供数据来实现的。

```
1.    import requests
2.    s = requests.Session()
3.    s.auth = ('user', 'pass')
4.    s.headers.update({'x-test': 'true'})
5.
6.    # both 'x-test' and 'x-test2' are sent
7.    s.get('http://httpbin.org/headers', headers={'x-test2': 'true'})
```

任何传递给请求方法的字典都会与会话对象中的字典合并。方法层的参数会覆盖会话对象中的参数。

4.3.4　安全的 HTTPS 请求

Requests 也可以为 HTTPS 请求验证 SSL 证书。

要想检查某个主机的 SSL 证书，可以使用 verify 参数。

```
1.    import requests
2.    response = requests. get("https://www. baidu. com/", verify=True)
3.    # 也可以省略不写, verify 默认为 True
4.    # response = requests. get("https://www. baidu. com/")
5.    print(r. text)
```

如果 SSL 证书验证不通过，或者不信任服务器的安全证书，则会报出 SSLError。

SSLError：("bad handshake：Error([('SSL routines', 'ssl3_get_server_certificate', 'certificate verify failed')],)",)

如果想跳过证书验证，把 verify 设置为 False 就可以正常请求了。

```
r = requests. get("https://www. xxxx. com/", verify = False)
```

4.3.5　超时设置

为防止服务器不能及时响应，大部分发至外部服务器的请求都应该带着超时（timeout）参数。在默认情况下，除非显式指定了 timeout 值，Requests 是不会自动进行超时处理的。如果没有 timeout，代码可能会被挂起若干分钟甚至更长时间。超时分为连接（connect）超时和读取（read）超时两种。

连接超时指的是在客户端实现到远端机器端口的连接时，Requests 会等待的秒数。一个很好的实践方法是把连接超时设为比 3 的倍数略大的一个数值，因为 TCP 数据包重传窗口（TCP packet retransmission window）的默认大小是 3。

一旦客户端连接到了服务器并且发送了 HTTP 请求，读取超时指的就是客户端等待服务器发送请求的时间。特定地，它指的是客户端要等待服务器发送字节之间的时间，在绝大多数的情况下这指的是服务器发送第一个字节之前的时间。

如果制订了一个单一的值作为 timeout，如下所示：

```
r = requests. get('https://github. com', timeout=5)
```

这一 timeout 值将会用作连接超时和读取超时两者的 timeout。如果要分别制订，就传入一个元组：

```
r = requests. get('https://github. com', timeout=(3.05, 27))
```

如果远端服务器很慢，可以让 Requests 永远等待，传入一个 None 作为 timeout 值：

```
r = requests. get('https://github. com', timeout=None)
```

第**5**章

数据提取

知识目标：
1）了解正则表达式的基本规则
2）了解 XPath 的基本规则
3）掌握 BS4 库基本使用方法

能力目标：
1）能够使用正则表达式提取数据
2）能够使用 XPath 提取数据

通过前面几章的学习，读者已经能够通过 urllib 库或 Requests 库获取网站的响应内容了。但是网站返回的响应内容实在太多了，其中大部分并不是人们想要的。如何从这些内容中精确获取到人们想要的数据呢？本章就将介绍数据提取过程中经常会用到的一些技术。

5.1 使用正则表达式

正则表达式（Regular Expression，RE），又称规则表达式，是计算机科学中的一个概念。正则表达式通常被用来检索、替换那些符合某个模式（规则）的文本。正则表达式利用字符串组成一个"规则字符串"，字符串包括普通字符（如字母 a~z）和特殊字符（称为"元字符"），这个"规则字符串"用来表达对字符串的一种过滤逻辑。可以理解正则表达式是一种文本模式，该模式描述在搜索文本时要匹配的一个或多个字符串的规则。

正则表达式的特点是：

① 灵活性、逻辑性和功能性非常强。

② 可以迅速地用极简单的方式达到对字符串的复杂控制。

③ 对于刚接触的人来说，比较晦涩难懂。

在爬虫数据提取过程中，正则表达式主要用于提取网页中包含的邮件地址、电话号码等这些符合特定规则的数据。

5.1.1 正则表达式语法介绍

微课 5-1 正则
表达式语法

正则表达式由一些普通字符和一些元字符（metacharacters）组成。普通字符包括数字、大小写的字母，而元字符则具有特殊的含义。

在最简单的情况下，一个正则表达式看上去就是一个普通的字符串。例如，正则表达式"testing"中没有包含任何元字符，它可以匹配"testing"和"testing123"等字符串，但是不能匹配"Testing"。

要想真正地用好正则表达式，最重要的是正确理解元字符。下面将分类学习正则表达式中的元字符并给出相应的实例。

1. 字符表示

一些表示特殊字符的元字符见表 5-1。

表 5-1 表示特殊字符的元字符

字 符	功 能
.	匹配任意 1 个字符（除了 \n）
[ ]	匹配 [ ] 中列举的字符
\d	匹配数字，即 0~9
\D	匹配非数字，即不是数字
\s	匹配空白字符，如空格、Tab 键
\S	匹配非空白字符

续表

字　符	功　能
\w	匹配单词字符，即 a~z、A~Z、0~9、_ 等
\W	匹配非单词字符

Python 中需要通过正则表达式对字符串进行匹配的时候，可以使用内置的 re 模块。

```
1.  # 导入 re 模块
2.  import re
3.  # 使用 match() 方法进行匹配操作
4.  result = re. match(正则表达式, 要匹配的字符串)
5.  # 如果上一步匹配到数据的话, 可以使用 group() 方法来提取数据
6.  result. group()
```

re. match 是用来检查正则表达式是否匹配的方法，若字符串匹配正则表达式，则 match 方法返回匹配对象（match object），否则返回 None（注意不是空字符串""）。

匹配对象 match object 具有 group() 方法，用来返回字符串的匹配部分。

在匹配时设置 re. IGNORECASE 可以忽略大小写。

```
1.  import re
2.  # 如果 hello 的首字符小写, 那么正则表达式需要小写的 h
3.  ret = re. match("h", "hello Python")
4.  ret. group()
5.  # 如果 hello 的首字符大写, 那么正则表达式需要大写的 H
6.  ret = re. match("H", "Hello Python")
7.  ret. group()
8.  # 大小写 h 都可以的情况
9.  ret = re. match("[hH]", "hello Python")
10. ret. group()
11. ret = re. match("[hH]", "Hello Python")
12. ret. group()
13. # 匹配 0~9 第 1 种写法
14. ret = re. match("[0123456789]", "7Hello Python")
15. ret. group()
16. # 匹配 0~9 第 2 种写法
17. ret = re. match("[0-9]", "7Hello Python")
18. ret. group()
```

正则表达式里使用"\"作为转义字符，假如需要匹配文本中的字符"\"，那么正则表达式里将需要 4 个反斜杠"\\\\"：前两个和后两个分别用于在编程语言里转义成反斜杠，转义成两个反斜杠后再在正则表达式里转义成 1 个反斜杠。

Python 中字符串前面加上 r 表示原始字符串，有了原始字符串，就再也不

用担心是不是漏写了反斜杠。

```
1.   ret = re.match(r"c:\\a", "c:\\a\\b\\c")
2.   ret.group()
3.   #'c:\\a'
4.   path = "c:\\a\\b\\c"
5.   print(path)
6.   #c:\a\b\c
7.   re.match("c:\\\\", path).group()
8.   #'c:\\'
9.   ret = re.match("c:\\\\", path).group()
10.  print(ret)
11.  #c:\
12.  ret = re.match("c:\\\\a", path).group()
13.  print(ret)
14.  #c:\a
15.  ret = re.match(r"c:\\a", path).group()
16.  print(ret)
17.  #c:\a
18.  ret = re.match(r"c:\a", path).group()
19.  Traceback (most recent call last):
20.    File "<stdin>", line 1, in <module>
21.  AttributeError: 'NoneType' object has no attribute 'group'
```

2. 表示数量

一些表示数量的元字符见表 5-2。

表 5-2 表示数量的元字符

字　　符	功　　能
*	匹配前 1 个字符出现 0 次或者无限次，即可有可无
+	匹配前 1 个字符出现 1 次或者无限次，即至少有 1 次
?	匹配前 1 个字符出现 1 次或者 0 次，即要么有 1 次，要么没有
{m}	匹配前 1 个字符出现 m 次
{m,}	匹配前 1 个字符至少出现 m 次
{m,n}	匹配前 1 个字符出现从 m~n 次

一个字符串第 1 个字母为大写字母，后面都是小写字母。

```
1.   ret = re.match("[A-Z][a-z]*","Mm")
2.   ret.group()
3.   #'Mm'
4.   ret = re.match("[A-Z][a-z]*","Aabcdef")
5.   ret.group()
6.   #'Aabcdef'
```

检测变量名的有效性：

```
1.  ret = re. match("[a-zA-Z_]+\w*","name1")
2.  ret. group()
3.  #'name1'
4.  ret = re. match("[a-zA-Z_]+\w*","_name")
5.  ret. group()
6.  #'_name'
7.  ret = re. match("[a-zA-Z_]+\w*","2_name")
8.  ret. group()
9.  Traceback (most recent call last)：
10.    File "<stdin>", line 1, in <module>
11. AttributeError：'NoneType' object has no attribute 'group'
```

匹配 0~99 间的数字：

```
1.  ret = re. match("[1-9]?[0-9]","7")
2.  ret. group()
3.  #'7'
4.  ret = re. match("[1-9]?[0-9]","33")
5.  ret. group()
6.  #'33'
7.  ret = re. match("[1-9]?[0-9]","09")
8.  ret. group()
9.  #'0'
```

8~20 位的密码，可以是大小写英文字母、数字、下画线：

```
1.  ret = re. match("[a-zA-Z0-9_]{6}","12a3g45678")
2.  ret. group()
3.  #'12a3g4'
4.  ret = re. match("[a-zA-Z0-9_]{8,20}","1ad12f23s34455ff66")
5.  ret. group()
6.  #'1ad12f23s34455ff66'
```

3. 表示边界
一些表示边界的元字符见表 5-3。

表 5-3 表示边界的元字符

字　符	功　能
^	匹配字符串开头
$	匹配字符串结尾
\b	匹配一个单词的边界
\B	匹配非单词边界

匹配 163. com 的邮箱地址：

```
1.    ret = re. match( "[\w]{4,20}@ 163\. com", "xiaoWang@ 163. com")
2.    ret. group( )
3.    # 'xiaoWang@ 163. com'
4.    # 不正确的地址
5.    ret = re. match( "[\w]{4,20}@ 163\. com", "xiaoWang@ 163. comheihei")
6.    ret. group( )
7.    # 'xiaoWang@ 163. com'
8.    # 通过$来确定末尾
9.    ret = re. match( "[\w]{4,20}@ 163\. com $", "xiaoWang@ 163. comheihei")
10.   ret. group( )
11.   Traceback (most recent call last)：
12.       File "<stdin>", line 1, in <module>
13.   AttributeError：'NoneType' object has no attribute 'group'
```

匹配单词边界：

```
1.    re. match( r". * \bver\b", "ho ver abc"). group( )
2.    # 'ho ver'
3.     re. match( r". * \bver\b", "ho verabc"). group( )
4.    Traceback (most recent call last)：
5.       File "<stdin>", line 1, in <module>
6.    AttributeError：'NoneType' object has no attribute 'group'
7.     re. match( r". * \bver\b", "hover abc"). group( )
8.    Traceback (most recent call last)：
9.       File "<stdin>", line 1, in <module>
10.   AttributeError：'NoneType' object has no attribute 'group'
```

4. 匹配分组

一些和分组相关的元字符见表 5-4。

表 5-4　和分组相关的元字符

字　　符	功　　能
|	匹配左右任意 1 个表达式
（ab）	将括号中字符作为 1 个分组
\num	引用分组 num 匹配到的字符串
（?P<name>）	分组起别名
（?P=name）	引用别名为 name 分组匹配到的字符串

匹配左右任意一个表达式：

```
1.    ret = re. match( "\w{4,20}@ 163\. com", "test@ 163. com")
2.    ret. group( )
```

3.   ret = re. match("\w{4,20}@(163|126|qq)\. com", "test@ 126. com")

4.   ret. group()

5.   ret = re. match("\w{4,20}@(163|126|qq)\. com", "test@ qq. com")

6.   ret. group()

7.   ret = re. match("\w{4,20}@(163|126|qq)\. com", "test@ gmail. com")

8.   ret. group()

未命名分组：

1.   ret = re. match("([^-]*)-(\d+)","010-12345678")

2.   ret. group()   #'010-12345678'

3.   ret. group(1)   #'010'

4.   ret. group(2)   #'12345678'

通过数字引用未命名分组：

1.   # 能够完成对正确的字符串的匹配

2.   ret = re. match("<[a-zA-Z]*>\w*</[a-zA-Z]*>", "<html>hh</html>")

3.   ret. group()

4.   # 如果遇到非正常的 html 格式字符串,匹配出错

5.   ret = re. match("<[a-zA-Z]*>\w*</[a-zA-Z]*>", "<html>hh</body>")

6.   ret. group()

7.   # 通过引用分组中匹配到的数据即可,但是要注意是元字符串

8.   ret = re. match(r"<([a-zA-Z]*)>\w*</\1>", "<html>hh</html>")

9.   ret. group()

10.   # 因为两对<>中的数据不一致,所以没有匹配出来

11.   ret = re. match(r"<([a-zA-Z]*)>\w*</\1>", "<html>hh</body>")

12.   ret. group()

13.   ret = re. match(r"<(\w*)><(\w*)>.*</\2></\1>", "<html><h1>www. sina. cn</h1></html>")

14.   ret. group()

15.   ret = re. match(r"<(\w*)><(\w*)>.*</\2></\1>", "<html><h1>www. sina. cn</h2></html>")

16.   ret. group()

使用命名分组：

1.   ret = re. match(r"<(?P<name1>\w*)><(?P<name2>\w*)>.*</(?P=name2)></(?P=name1)>", "<html><h1>www. sina. cn</h1></html>")

2.   ret. group()

3.   ret = re. match(r"<(?P<name1>\w*)><(?P<name2>\w*)>.*</(?P=name2)></(?P=name1)>", "<html><h1>www. sina. cn</h2></html>")

4.   ret. group()

注意：(?P<name>) 和（?P=name）中的字母 p 要大写。

5.1.2 正则表达式的其他使用

通过 re 模块中的 search 方法可以搜索符合某个正则表达式特征的字符串：

```
1.    ret = re. search( r" \d+" , "阅读次数为 9999" )
2.    ret. group( )
3.    #'9999'
```

通过 re 模块中的 findall( )方法可以找出所有符合正则表达式特征的字符串：

```
1.    ret = re. findall( r" \d+" , "python = 9999, c = 7890, c++ = 12345" )
2.    #[ '9999', '7890', '12345']
```

通过 re 模块中的 sub( )方法可以将正则表达式匹配到的数据进行替换：

```
1.    ret = re. sub( r" \d+" , '998', "python = 997" )
2.    #'python = 998'
```

通过 re 模块中的 split( )方法可以根据正则表达式匹配进行切割字符串，并返回 1 个列表：

```
1.    ret = re. split( r" :| " ,"info:xiaoZhang 33 shandong" )
2.    #[ 'info', 'xiaoZhang', '33', 'shandong']
```

Python 里正则表达式数量词默认是贪婪的（在少数语言里也可能是默认非贪婪），总是尝试匹配尽可能多的字符。并贪婪匹配则相反，总是尝试匹配尽可能少的字符。

在" * " "?" "+" " {m,n}"等量词后面加上"?"，可以使贪婪匹配变成非贪婪匹配。

```
1.    re. match( r" aa( \d+)" ,"aa2343ddd" ). group( 1)
2.    '2343'
3.    re. match( r" aa( \d+?)" ,"aa2343ddd" ). group( 1)
4.    '2'
5.    re. match( r" aa( \d+)ddd" ,"aa2343ddd" ). group( 1)
6.    '2343'
7.    re. match( r" aa( \d+?)ddd" ,"aa2343ddd" ). group( 1)
8.    '2343'
```

5.2 使用 Beautiful Soup 4

5.2.1 Beautiful Soup 简介

通过上一节学习的正则表达式只能提取符合某种规则的本文数据，而且正则表达式中大量元字符的使用实在有些复杂。Beautiful Soup 是一个可以从 HTML 或 XML 格式的文件中提取数据的 Python 第三方库。它为一些常用的文档解析器封装了通用的接口，可以实现常用的文档导航、节点查找、节点修改等功能。使用 Beautiful Soup 可以节省大量的时间。

5.2.2 Beautiful Soup 安装

Beautiful Soup 最新的版本是 4，Beautiful Soup 4 通过 PyPi 发布，可以通过 pip 来安装。包的名字是 beautifulsoup4，这个包兼容 Python 2 和 Python 3。

微课 5-4 Beautiful Soup 安装

```
$ pip install beautifulsoup4
```

Beautiful Soup 支持 Python 标准库中的 HTML 解析器，还支持一些第三方的解析器，其中一个是 lxml。可以使用下列方法来安装 lxml：

```
$ pip install lxml
```

另一个可供选择的解析器是纯 Python 实现的 html5lib，html5lib 的解析方式与浏览器相同，可以使用下列方法来安装 html5lib：

```
$ pip install html5lib
```

5.2.3 创建 Beautiful Soup 对象

将一段文档传入 Beautiful Soup 的构造方法，就能得到一个文档的对象，可以传入一段字符串或一个文件句柄。

微课 5-5 创建 Beautiful Soup 对象

```
1.    from bs4 import BeautifulSoup
2.    soup = BeautifulSoup( open( "index. html" ) )
3.    soup = BeautifulSoup( "<html>data</html>" )
```

首先，文档被转换成 Unicode 编码：

```
1.    BeautifulSoup( "Sacr&eacute; bleu!" )
2.    <html><head></head><body>Sacré bleu!</body></html>
```

然后，Beautiful Soup 会选择最合适的解析器来解析这段文档。如果手动指定解析器，那么 Beautiful Soup 会使用指定的解析器来解析文档。

Beautiful Soup 使用的一些解析器以及它们的优缺点见表 5-5。

表5-5 解 析 器

解 析 器	使 用 方 法	优 势	劣 势
Python 标准库	BeautifulSoup (markup," html. parser")	• Python 的内置标准库 • 执行速度适中 • 文档容错能力强	• Python 2. 7. 3 或 3. 2. 2 前的版本中文档容错能力差
lxml HTML 解析器	BeautifulSoup (markup," lxml")	• 速度快 • 文档容错能力强	• 需要安装 C 语言库

<div align="right">续表</div>

解　析　器	使 用 方 法	优　　势	劣　　势
lxml XML 解析器	BeautifulSoup(markup, ["lxml", "xml"]) BeautifulSoup(markup, "xml")	• 速度快 • 唯一支持 XML 的解析器	• 需要安装 C 语言库
html5lib	BeautifulSoup(markup, "html5lib")	• 最好的容错性 • 以浏览器的方式解析文档 • 生成 HTML5 格式的文档	• 速度慢 • 不依赖外部扩展

推荐使用 lxml 作为解析器，因为效率更高。在 Python 2.7.3 之前的版本和 Python 3 的 3.2.2 之前的版本，必须安装 lxml 或 html5lib，因为这些 Python 版本的标准库中内置的 HTML 解析方法不够稳定。

如果仅是想要解析 HTML 文档，只要用文档创建 BeautifulSoup 对象就可以了。Beautiful Soup 会自动选择一个解析器来解析文档。但是还可以通过参数指定使用哪种解析器来解析当前文档。

Beautiful Soup 第 1 个参数应该是要被解析的文档字符串或是文件句柄，第 2 个参数用来标识怎样解析文档。如果第 2 个参数为空，那么 Beautiful Soup 根据当前系统安装的库自动选择解析器，解析器的优先顺序为：lxml、html5lib、Python 标准库。在下面两种情况下解析器优先顺序会变化。

① 要解析的文档是什么类型：目前支持 html、xml 和 html5。

② 指定使用哪种解析器：目前支持 lxml、html5lib 和 html. parser。

Beautiful Soup 为不同的解析器提供了相同的接口，但解析器本身是有区别的。同一篇文档被不同的解析器解析后可能会生成不同结构的树型文档。区别最大的是 HTML 解析器和 XML 解析器，看下面片段被解析成 HTML 结构。

```
1.    BeautifulSoup("<a><b /></a>")
2.    # <html><head></head><body><a><b></b></a></body></html>
```

因为空标签<b />不符合 HTML 标准，所以解析器把它解析成<b></b>。

同样的文档使用 XML 解析如下（解析 XML 需要安装 lxml 库）。注意，空标签<b />依然被保留，并且文档前添加了 XML 头，而不是被包含在<html>标签内。

```
1.    BeautifulSoup("<a><b /></a>", "xml")
2.    # <?xml version="1.0" encoding="utf-8"?>
3.    # <a><b/></a>
```

HTML 解析器之间也有区别，如果被解析的 HTML 文档是标准格式，那么解析器之间没有任何差别，只是解析速度不同，结果都会返回正确的文档树。

但是如果被解析文档不是标准格式，那么不同的解析器返回结果可能不同。下面例子中，使用 lxml 解析错误格式的文档，结果</p>标签被直接忽略掉了。

```
1.    BeautifulSoup("<a></p>", "lxml")
2.    # <html><body><a></a></body></html>
```

使用 html5lib 库解析相同文档会得到不同的结果。

```
1.    BeautifulSoup("<a></p>", "html5lib")
2.    # <html><head></head><body><a><p></p></a></body></html>
```

html5lib 库没有忽略掉</p>标签，而是自动补全了标签，还给文档树添加了<head>标签。

使用 Pyhton 内置库解析结果如下：

```
1.    BeautifulSoup("<a></p>", "html. parser")
2.    # <a></a>
```

5.2.4　Beautiful Soup 基本使用方法

1. 支持的对象类型

Beautiful Soup 将复杂 HTML 文档转换成一个复杂的树形结构，每个节点都是 Python 对象，所有对象可以归纳为 4 种类型：Tag、NavigableString、BeautifulSoup 和 Comment。

● Tag

Tag 对象与 XML 或 HTML 原生文档中的 tag 相同。

```
1.    soup = BeautifulSoup('<b class="boldest">Extremely bold</b>')
2.    tag = soup. b
3.    type(tag)
4.    # <class 'bs4. element. Tag'>
```

Tag 有很多方法和属性，在遍历文档树和搜索文档树中有详细解释。现在介绍一下 Tag 中最重要的属性：name 和 attributes。

● name

每个 tag 都有自己的名字，通过 . name 来获取。

```
1.    tag. name
2.    # u'b'
```

如果改变了 Tag 的 name，那将影响所有通过当前 Beautiful Soup 对象生成的 HTML 文档。

```
1.    tag. name = "blockquote"
2.    tag
3.    # <blockquote class="boldest">Extremely bold</blockquote>
```

● attributes

一个 Tag 可能有很多个属性。tag <b class="boldest">有一个"class"的属性，值为"boldest"。Tag 的属性的操作方法与字典相同。

```
1.    tag['class']
2.    # u'boldest'
```

也可以直接"点"取属性，比如：.attrs。

```
1.  tag.attrs
2.  # {u'class': u'boldest'}
```

Tag 的属性可以被添加、删除或修改。再强调一次，Tag 的属性操作方法与字典一样。

```
1.  tag['class'] = 'verybold'
2.  tag['id'] = 1
3.  tag
4.  # <blockquote class="verybold" id="1">Extremely bold</blockquote>
5.
6.  del tag['class']
7.  del tag['id']
8.  tag
9.  # <blockquote>Extremely bold</blockquote>
10.
11. tag['class']
12. # KeyError: 'class'
13. print(tag.get('class'))
14. # None
```

HTML 4 定义了一系列可以包含多个值的属性，在 HTML5 中移除了一些，同时增加了更多属性。最常见的多值属性是 class（一个 Tag 可以有多个 CSS 的 class）。还有一些属性，如 rel、rev、accept-charset、headers、accesskey。在 Beautiful Soup 中多值属性的返回类型是 list：

```
1.  css_soup = BeautifulSoup('<p class="body strikeout"></p>')
2.  css_soup.p['class']
3.  # ["body", "strikeout"]
4.
5.  css_soup = BeautifulSoup('<p class="body"></p>')
6.  css_soup.p['class']
7.  # ["body"]
```

如果某个属性看起来好像有多个值，但在任何版本的 HTML 定义中都没有被定义为多值属性，那么 Beautiful Soup 会将这个属性作为字符串返回。

```
1.  id_soup = BeautifulSoup('<p id="my id"></p>')
2.  id_soup.p['id']
3.  # 'my id'
```

将 Tag 转换成字符串时，多值属性会合并为一个值。

```
1.  rel_soup = BeautifulSoup('<p>Back to the <a rel="index">homepage</a></p>')
```

```
2.    rel_soup. a['rel']
3.    # ['index']
4.    rel_soup. a['rel'] = ['index', 'contents']
5.    print(rel_soup. p)
6.    # <p>Back to the <a rel="index contents">homepage</a></p>
```

如果转换的文档是 XML 格式，那么 Tag 中不包含多值属性。

```
1.    xml_soup = BeautifulSoup('<p class="body strikeout"></p>', 'xml')
2.    xml_soup. p['class']
3.    # u'body strikeout'
```

NavigableString（可以遍历的字符串）

字符串常被包含在 tag 内。Beautiful Soup 用 NavigableString 类来包装 Tag 中的字符串。

```
1.    tag. string
2.    # u'Extremely bold'
3.    type(tag. string)
4.    # <class 'bs4. element. NavigableString'>
```

一个 NavigableString 字符串与 Python 中的 Unicode 字符串相同，并且还支持包含在遍历文档树和搜索文档树中的一些特性。通过 unicode()方法可以直接将 NavigableString 对象转换成 Unicode 字符串。

```
1.    unicode_string = unicode(tag. string)
2.    unicode_string
3.    # u'Extremely bold'
4.    type(unicode_string)
5.    # <type 'unicode'>
```

Tag 中包含的字符串不能编辑，但是可以被替换成其他的字符串，用replace_with()方法。

```
1.    tag. string. replace_with("No longer bold")
2.    tag
3.    # <blockquote>No longer bold</blockquote>
```

NavigableString 对象支持遍历文档树和搜索文档树中定义的大部分属性，并非全部。尤其是一个字符串不能包含其他内容（tag 能够包含字符串或是其他 tag），字符串不支持 . contents 或 . string 属性或 find()方法。

2. 遍历文档树

使用下面"爱丽丝梦游仙境"的文档来作为例子：

```
1.    html_doc = """
```

微课 5-6 Beautiful Soup 方法选择器

```
2.   <html><head><title>The Dormouse's story</title></head>
3.   <p class="title"><b>The Dormouse's story</b></p>
4.   <p class="story">Once upon a time there were three little sisters; and their names were
5.   <a href="http://example.com/elsie" class="sister" id="link1">Elsie</a>,
6.   <a href="http://example.com/lacie" class="sister" id="link2">Lacie</a> and
7.   <a href="http://example.com/tillie" class="sister" id="link3">Tillie</a>;
8.   and they lived at the bottom of a well。</p>
9.   <p class="story">…</p>
10.  """
11.
12.  from bs4 import BeautifulSoup
13.  soup = BeautifulSoup(html_doc)
```

通过这段例子来演示怎样从文档的一段内容找到另一段内容。

（1）子节点

一个 Tag 可能包含多个字符串或其他的 Tag，这些都是这个 Tag 的子节点。Beautiful Soup 提供了许多操作和遍历子节点的属性。

注意：Beautiful Soup 中字符串节点不支持这些属性，因为字符串没有子节点。

① Tag 的名字。操作文档树最简单的方法就是告诉它想获取的 Tag 的 name。如果想获取<head>标签，只需要用 soup. head：

```
1.   soup. head
2.   # <head><title>The Dormouse's story</title></head>
3.
4.   soup. title
5.   # <title>The Dormouse's story</title>
```

下面的代码可以获取<body>标签中的第一个<b>标签：

```
1.   soup. body. b
2.   # <b>The Dormouse's story</b>
```

通过点取属性的方式只能获得当前名字的第一个 Tag：

```
1.   soup. a
2.   # <a class="sister" href="http://example.com/elsie" id="link1">Elsie</a>
```

如果想要得到所有的<a>标签，或是通过名字得到比一个 Tag 更多的内容的时候，就需要用到搜索文档树中描述的方法，比如：find_all( )。

```
1.   soup. find_all('a')
2.   # [<a class="sister" href="http://example.com/elsie" id="link1">Elsie</a>,
3.   #  <a class="sister" href="http://example.com/lacie" id="link2">Lacie</a>,
4.   #  <a class="sister" href="http://example.com/tillie" id="link3">Tillie</a>]
```

5.2 使用 Beautiful Soup 4 | 59

② . contents 和 . children。Tag 的 . contents 属性可以将 Tag 的子节点以列表的方式输出：

```
1.  head_tag = soup. head
2.  head_tag
3.  # <head><title>The Dormouse's story</title></head>
4.
5.  head_tag. contents
6.  [<title>The Dormouse's story</title>]
7.
8.  title_tag = head_tag. contents[0]
9.  title_tag
10. # <title>The Dormouse's story</title>
11. title_tag. contents
12. # [u'The Dormouse's story']
```

BeautifulSoup 对象本身一定会包含子节点，也就是说<html>标签也是 BeautifulSoup 对象的子节点：

```
1.  len(soup. contents)
2.  # 1
3.  soup. contents[0]. name
4.  # u'html'
```

字符串没有 . contents 属性，因为字符串没有子节点：

```
1.  text = title_tag. contents[0]
2.  text. contents
3.  # AttributeError：'NavigableString' object has no attribute 'contents'
```

通过 tag 的 . children 生成器，可以对 Tag 的子节点进行循环：

```
1.  for child in title_tag. children：
2.      print(child)
3.      # The Dormouse's story
```

③ . descendants。. contents 和 . children 属性仅包含 Tag 的直接子节点。例如，<head>标签只有一个直接子节点<title>。

```
1.  head_tag. contents
2.  # [<title>The Dormouse's story</title>]
```

但是<title>标签也包含一个子节点：字符串 "The Dormouse's story"，这种情况下字符串 "The Dormouse's story" 也属于<head>标签的子孙节点。. descendants 属性可以对所有 Tag 的子孙节点进行递归循环：

```
1.  for child in head_tag. descendants：
```

```
2.    print( child)
3.    # <title>The Dormouse's story</title>
4.    # The Dormouse's story
```

上面的例子中，<head>标签只有一个子节点，但是有 2 个子孙节点：<head>节点和<head>的子节点，BeautifulSoup 有一个直接子节点（<html>节点），却有很多子孙节点：

```
1.    len( list( soup. children) )
2.    # 1
3.    len( list( soup. descendants) )
4.    # 25
```

④ . string。如果 Tag 只有一个 NavigableString 类型子节点，那么这个 Tag 可以使用 . string 得到子节点：

```
1.    title_tag. string
2.    # u'The Dormouse's story'
```

如果一个 Tag 仅有一个子节点，那么这个 Tag 也可以使用 . string 方法，输出结果与当前唯一子节点的 . string 结果相同：

```
1.    head_tag. contents
2.    # [ <title>The Dormouse's story</title>]
3.
4.    head_tag. string
5.    # u'The Dormouse's story'
```

如果 Tag 包含了多个子节点，Tag 就无法确定 . string 方法应该调用哪个子节点的内容，. string 的输出结果是 None：

```
1.    print( soup. html. string)
2.    # None
```

⑤ . strings 和 stripped_strings。如果 Tag 中包含多个字符串，可以使用 . strings 来循环获取：

```
1.    for string in soup. strings:
2.        print( repr( string) )
3.    # u"The Dormouse's story"
4.    # u'\n\n'
5.    # u"The Dormouse's story"
6.    # u'\n\n'
7.    # u'Once upon a time there were three little sisters; and their names were\n'
8.    # u'Elsie'
9.    # u', \n'
```

```
10.     # u'Lacie'
11.     # u' and\n'
12.     # u'Tillie'
13.     # u';\nand they lived at the bottom of a well。'
14.     # u'\n\n'
15.     # u'…'
16.     # u'\n'
```

输出的字符串中可能包含了很多空格或空行，使用 .stripped_strings 可以去除多余空白内容：

```
1.   for string in soup. stripped_strings：
2.       print(repr(string))
3.       # u"The Dormouse's story"
4.       # u"The Dormouse's story"
5.       # u'Once upon a time there were three little sisters；and their names were'
6.       # u'Elsie'
7.       # u','
8.       # u'Lacie'
9.       # u'and'
10.      # u'Tillie'
11.      # u';\nand they lived at the bottom of a well。'
12.      # u'…'
```

全部是空格的行会被忽略掉，段首和段末的空白也会被删除。

（2）父节点

继续分析文档树，每个 Tag 或字符串都有父节点，其被包含在某个 Tag 中。

①. parent。通过 . parent 属性可以获取某个元素的父节点。在示例文档中，<head>标签是<title>标签的父节点：

```
1.   title_tag = soup. title
2.   title_tag
3.   # <title>The Dormouse's story</title>
4.   title_tag. parent
5.   # <head><title>The Dormouse's story</title></head>
```

文档 title 的字符串也有父节点：<title>标签：

```
1.   title_tag. string. parent
2.   # <title>The Dormouse's story</title>
```

文档的顶层节点比如<html>的父节点是 BeautifulSoup 对象：

```
1.   html_tag = soup. html
2.   type(html_tag. parent)
3.   # <class 'bs4. BeautifulSoup'>
```

BeautifulSoup 对象的 . parent 是 None：

```
1.    print( soup. parent)
2.    # None
```

②. parents。通过元素的 . parents 属性可以递归得到元素的所有父辈节点，下面的例子使用了 . parents 方法遍历了<a>标签到根节点的所有节点。

```
1.    link = soup. a
2.    link
3.    # <a class="sister" href="http://example. com/elsie" id="link1">Elsie</a>
4.    for parent in link. parents：
5.        if parent is None：
6.            print( parent)
7.        else：
8.            print( parent. name)
9.    # p
10.   # body
11.   # html
12.   # [document]
13.   # None
```

（3）兄弟节点
看一段简单的例子：

```
1.    sibling_soup = BeautifulSoup( "<a><b>text1</b><c>text2</c></b></a>")
2.    print( sibling_soup. prettify( ))
3.    # <html>
4.    #  <body>
5.    #   <a>
6.    #    <b>
7.    #     text1
8.    #    </b>
9.    #    <c>
10.   #     text2
11.   #    </c>
12.   #   </a>
13.   #  </body>
14.   # </html>
```

因为<b>标签和<c>标签是同一层，他们是同一个元素的子节点，所以<b>和<c>可以被称为兄弟节点。一段文档以标准格式输出时，兄弟节点有相同的缩进级别。在代码中也可以使用这种关系。

prettify( )方法将 Beautiful Soup 的文档树格式化后以 Unicode 编码输出，每个 XML/HTML 标签都独占一行。

①. next_sibling 和 . previous_sibling。在文档树中，使用 . next_sibling 和

. previous_sibling 属性来查询兄弟节点：

```
1.  sibling_soup. b. next_sibling
2.  # <c>text2</c>
3.
4.  sibling_soup. c. previous_sibling
5.  # <b>text1</b>
```

<b>标签有 . next_sibling 属性，但是没有 . previous_sibling 属性，因为<b>标签在同级节点中是第一个。同理，<c>标签有 . previous_sibling 属性，却没有 . next_sibling 属性：

```
1.  print( sibling_soup. b. previous_sibling)
2.  # None
3.  print( sibling_soup. c. next_sibling)
4.  # None
```

例子中的字符串"text1"和"text2"不是兄弟节点，因为它们的父节点不同。

```
1.  sibling_soup. b. string
2.  # u'text1'
3.
4.  print( sibling_soup. b. string. next_sibling)
5.  # None
```

实际文档中的 Tag 的 . next_sibling 和 . previous_sibling 属性通常是字符串或空白。如前面的"爱丽丝梦游仙境"文档：

```
1.  <a href="http://example. com/elsie" class="sister" id="link1">Elsie</a>
2.  <a href="http://example. com/lacie" class="sister" id="link2">Lacie</a>
3.  <a href="http://example. com/tillie" class="sister" id="link3">Tillie</a>
```

如果以为第 1 个<a>标签的 . next_sibling 结果是第 2 个<a>标签，那就错了。真实结果是第 1 个<a>标签和第 2 个<a>标签之间的顿号和换行符：

```
1.  link = soup. a
2.  link
3.  # <a class="sister" href="http://example. com/elsie" id="link1">Elsie</a>
4.
5.  link. next_sibling
6.  # u', \n'
```

第 2 个<a>标签是顿号的 . next_sibling 属性：

```
1.  link. next_sibling. next_sibling
2.  # <a class="sister" href="http://example. com/lacie" id="link2">Lacie</a>
```

② .next_siblings 和 .previous_siblings。通过 .next_siblings 和 .previous_sib-lings 属性可以对当前节点的兄弟节点迭代输出：

```
1.   for sibling in soup. a. next_siblings：
2.       print( repr( sibling) )
3.       # u', \n'
4.       # <a class="sister" href="http://example.com/lacie" id="link2">Lacie</a>
5.       # u' and \n'
6.       # <a class="sister" href="http://example.com/tillie" id="link3">Tillie</a>
7.       # u'; and they lived at the bottom of a well。'
8.       # None
9.
10.  for sibling in soup. find( id="link3" ). previous_siblings：
11.      print( repr( sibling) )
12.      #' and \n'
13.      # <a class="sister" href="http://example.com/lacie" id="link2">Lacie</a>
14.      # u', \n'
15.      # <a class="sister" href="http://example.com/elsie" id="link1">Elsie</a>
16.      # u'Once upon a time there were three little sisters; and their names were\n'
17.      # None
```

微课 5-7 Beautiful Soup 查询方法

3. 搜索文档树

Beautiful Soup 定义了很多搜索方法，这里着重介绍 2 种：find( )和 find_all( )。其他方法的参数和用法类似，请读者举一反三。

再以"爱丽丝漫游仙境"文档作为例子：

```
1.   html_doc = """
2.   <html><head><title>The Dormouse's story</title></head>
3.
4.   <p class="title"><b>The Dormouse's story</b></p>
5.
6.   < p class =" story" > Once upon a time there were three little sisters; and their
     names were
7.   <a href="http://example.com/elsie" class="sister" id="link1">Elsie</a>,
8.   <a href="http://example.com/lacie" class="sister" id="link2">Lacie</a> and
9.   <a href="http://example.com/tillie" class="sister" id="link3">Tillie</a>;
10.  and they lived at the bottom of a well。</p>
11.
12.  <p class="story">…</p>
13.  """
14.
15.  from bs4 import BeautifulSoup
16.  soup = BeautifulSoup( html_doc)
```

使用 find_all( )类似的方法可以查找到想要查找的文档内容。

（1）过滤器

介绍 find_all( ) 方法前，先介绍过滤器的类型。这些过滤器贯穿整个搜索的 API。过滤器可以被用在 Tag 的 name 中、节点的属性中、字符串中或它们的混合中。

（2）字符串

最简单的过滤器是字符串。在搜索方法中传入一个字符串参数，Beautiful Soup 会查找与字符串完整匹配的内容，下面的例子用于查找文档中所有的<b>标签：

```
1.  soup. find_all('b')
2.  # [<b>The Dormouse's story</b>]
```

如果传入字节码参数，Beautiful Soup 会当作 UTF-8 编码，可以传入一段 Unicode 编码来避免 Beautiful Soup 解析编码出错。

（3）正则表达式

如果传入正则表达式作为参数，Beautiful Soup 会通过正则表达式的 match( ) 来匹配内容。下面例子用于找出所有以 b 开头的标签，这表示<body>和<b>标签都应该被找到：

```
1.  import re
2.  for tag in soup. find_all( re. compile( "^b" ) ):
3.      print( tag. name )
4.  # body
5.  # b
```

下面代码用于找出所有名字中包含 "t" 的标签：

```
1.  for tag in soup. find_all( re. compile( "t" ) ):
2.      print( tag. name )
3.  # html
4.  # title
```

（4）列表

如果传入列表参数，Beautiful Soup 会将与列表中任一元素匹配的内容返回。下面代码用于找到文档中所有<a>标签和<b>标签：

```
1.  soup. find_all( [ "a", "b" ] )
2.  # [<b>The Dormouse's story</b>,
3.  #  <a class="sister" href="http://example.com/elsie" id="link1">Elsie</a>,
4.  #  <a class="sister" href="http://example.com/lacie" id="link2">Lacie</a>,
5.  #  <a class="sister" href="http://example.com/tillie" id="link3">Tillie</a>]
```

（5）True

True 可以匹配任何值，下面代码用于查找到所有的 Tag，但是不会返回字符串节点：

```
1.    for tag in soup. find_all( True) :
2.        print( tag. name)
3.    # html
4.    # head
5.    # title
6.    # body
7.    # p
8.    # b
9.    # p
10.    # a
11.    # a
12.    # a
13.    # p
```

（6）方法

如果没有合适过滤器，那么还可以定义一个方法，方法只接受一个元素参数。如果这个方法返回 True，表示当前元素匹配并且被找到；如果不是，则返回 False。

下面方法校验了当前元素，如果包含 class 属性却不包含 id 属性，那么将返回 True：

```
1.    def has_class_but_no_id( tag) :
2.        return tag. has_attr('class') and not tag. has_attr('id')
```

将这个方法作为参数传入 find_all( )方法，将得到所有<p>标签：

```
1.    soup. find_all( has_class_but_no_id)
2.    # [ <p class = "title"><b>The Dormouse's story</b></p>,
3.    #   <p class = "story">Once upon a time there were…</p>,
4.    #   <p class = "story">…</p>]
```

返回结果中只有<p>标签没有<a>标签，因为<a>标签还定义了"id"，没有返回<html>和<head>，因为<html>和<head>中没有定义"class"属性。

下面代码用于找到所有被文字包含的节点内容：

```
1.    from bs4 import NavigableString
2.    def surrounded_by_strings( tag) :
3.        return ( isinstance( tag. next_element, NavigableString)
4.                and isinstance( tag. previous_element, NavigableString) )
5.
6.    for tag in soup. find_all( surrounded_by_strings) :
7.        print tag. name
8.    # p
9.    # a
```

```
10.    # a
11.    # a
12.    # p
```

现在来了解一下搜索方法 find_all() 的细节。

```
1.    find_all( name, attrs, recursive, text, ** kwargs )
```

find_all() 方法搜索当前 Tag 的所有 Tag 子节点，并判断是否符合过滤器的
条件。这里有几个例子：

```
1.    soup. find_all("title")
2.    # [ <title>The Dormouse's story</title>]
3.
4.    soup. find_all("p", "title")
5.    # [ <p class="title"><b>The Dormouse's story</b></p>]
6.
7.    soup. find_all("a")
8.    # [ <a class="sister" href="http://example.com/elsie" id="link1">Elsie</a>,
9.    #    <a class="sister" href="http://example.com/lacie" id="link2">Lacie</a>,
10.    #    <a class="sister" href="http://example.com/tillie" id="link3">Tillie</a>]
11.
12.    soup. find_all(id="link2")
13.    # [ <a class="sister" href="http://example.com/lacie" id="link2">Lacie</a>]
14.
15.    import re
16.    soup. find(text=re. compile("sisters"))
17.    # u'Once upon a time there were three little sisters; and their names were\n'
```

这几个方法很相似，参数中的 text 和 id 是什么含义？为什么 find_all("p",
"title") 返回的是 CSS Class 为 "title" 的<p>标签？接下来仔细看一下 find_all()
的参数。

① name 参数。name 参数可以查找所有名字为 name 的 Tag，字符串对象会
被自动忽略掉。

简单的用法如下：

```
1.    soup. find_all("title")
2.    # [ <title>The Dormouse's story</title>]
```

注意：搜索 name 参数的值可以用于任一类型的过滤器、字符串、正则表
达式、列表、方法或是 True。

② keyword 参数。如果一个指定名字的参数不是搜索内置的参数名，搜索
时会把该参数当作指定名字 Tag 的属性来搜索；如果包含一个名字为 id 的参
数，Beautiful Soup 会搜索每个 Tag 的 "id" 属性。

```
1.    soup. find_all( id ='link2')
2.    # [<a class=" sister" href=" http://example. com/lacie" id=" link2">Lacie</a>]
```

如果传入 href 参数，Beautiful Soup 会搜索每个 Tag 的 "href" 属性：

```
1.    soup. find_all( href=re. compile(" elsie" ) )
2.    # [<a class=" sister" href=" http://example. com/elsie" id=" link1">Elsie</a>]
```

搜索指定名字的属性时可以使用的参数值包括字符串、正则表达式、列表、True。

下面的例子是在文档树中查找所有包含 id 属性的 Tag，无论 id 的值是什么：

```
1.    soup. find_all( id =True)
2.    # [<a class=" sister" href=" http://example. com/elsie" id=" link1">Elsie</a>,
3.    #   <a class=" sister" href=" http://example. com/lacie" id=" link2">Lacie</a>,
4.    #   <a class=" sister" href=" http://example. com/tillie" id=" link3">Tillie</a>]
```

使用多个指定名字的参数可以同时过滤 Tag 的多个属性：

```
1.    soup. find_all( href=re. compile(" elsie" ) , id ='link1')
2.    # [<a class=" sister" href=" http://example. com/elsie" id=" link1">three</a>]
```

有些 Tag 属性在搜索不能使用，比如 HTML5 中的 data-* 属性：

```
1.    data_soup = BeautifulSoup('<div data-foo=" value">foo!</div>')
2.    data_soup. find_all( data-foo=" value" )
3.    # SyntaxError: keyword can't be an expression
```

但是可以通过 find_all( ) 方法的 attrs 参数定义一个字典参数来搜索包含特殊属性的 Tag：

```
1.    data_soup. find_all( attrs={" data-foo" : " value" } )
2.    # [<div data-foo=" value">foo!</div>]
```

按照 CSS 类名搜索 Tag 的功能非常实用，但标识 CSS 类名的关键字 class 在 Python 中是保留字，使用 class 作参数会导致语法错误。从 Beautiful Soup 的 4.1.1 版本开始，可以通过 class_参数搜索有指定 CSS 类名的 Tag：

```
1.    soup. find_all(" a", class_=" sister" )
2.    # [<a class=" sister" href=" http://example. com/elsie" id=" link1">Elsie</a>,
3.    #   <a class=" sister" href=" http://example. com/lacie" id=" link2">Lacie</a>,
4.    #   <a class=" sister" href=" http://example. com/tillie" id=" link3">Tillie</a>]
```

class_参数同样接受不同类型的过滤器、字符串、正则表达式、方法或 True：

```
1.    soup. find_all( class_=re. compile( "itl") )
2.    # [ <p class="title"><b>The Dormouse's story</b></p>]
3.
4.    def has_six_characters( css_class):
5.        return css_class is not None and len( css_class) == 6
6.
7.    soup. find_all( class_=has_six_characters)
8.    # [ <a class="sister" href="http://example. com/elsie" id="link1">Elsie</a>,
9.    #   <a class="sister" href="http://example. com/lacie" id="link2">Lacie</a>,
10.   #   <a class="sister" href="http://example. com/tillie" id="link3">Tillie</a>]
```

Tag 的 class 属性是多值属性。按照 CSS 类名搜索 Tag 时，可以分别搜索 Tag 中的每个 CSS 类名：

```
1.    css_soup = BeautifulSoup( '<p class="body strikeout"></p>')
2.    css_soup. find_all( "p", class_="strikeout")
3.    # [ <p class="body strikeout"></p>]
4.
5.    css_soup. find_all( "p", class_="body")
6.    # [ <p class="body strikeout"></p>]
```

搜索 class 属性时也可以通过 CSS 值完全匹配：

```
1.    css_soup. find_all( "p", class_="body strikeout")
2.    # [ <p class="body strikeout"></p>]
```

完全匹配 class 的值时，如果 CSS 类名的顺序与实际不符，将搜索不到结果：

```
1.    soup. find_all( "a", attrs={ "class" : "sister"} )
2.    # [ <a class="sister" href="http://example. com/elsie" id="link1">Elsie</a>,
3.    #   <a class="sister" href="http://example. com/lacie" id="link2">Lacie</a>,
4.    #   <a class="sister" href="http://example. com/tillie" id="link3">Tillie</a>]
```

③ text 参数。通过 text 参数可以搜索文档中的字符串内容。与 name 参数的可选值一样，text 参数接受字符串、正则表达式、列表、True。示例如下：

```
1.    soup. find_all( text="Elsie")
2.    # [ u'Elsie']
3.
4.    soup. find_all( text=[ "Tillie", "Elsie", "Lacie"] )
5.    # [ u'Elsie', u'Lacie', u'Tillie']
6.
7.    soup. find_all( text=re. compile( "Dormouse") )
8.    [ u"The Dormouse's story", u"The Dormouse's story"]
9.
```

```
10.    def is_the_only_string_within_a_tag(s):
11.        """Return True if this string is the only child of its parent tag."""
12.        return (s == s.parent.string)
13.
14.    soup.find_all(text=is_the_only_string_within_a_tag)
15.    # [u"The Dormouse's story", u"The Dormouse's story", u'Elsie', u'Lacie', u'Tillie',
       u'...']
```

虽然 text 参数用于搜索字符串，还可以与其他参数混合使用来过滤 Tag，但 Beautiful Soup 会找到 . string 方法与 text 参数值相符的 Tag。下面代码用来搜索内容里面包含"Elsie"的<a>标签：

```
1.    soup.find_all("a", text="Elsie")
2.    # [<a href="http://example.com/elsie" class="sister" id="link1">Elsie</a>]
```

④ limit 参数。find_all( )方法返回全部的搜索结构，如果文档树很大，那么搜索会很慢。如果不需要全部结果，可以使用 limit 参数限制返回结果的数量。效果与 SQL 中的 limit 关键字类似，当搜索到的结果数量达到 limit 的限制时，就停止搜索返回结果。

示例文档树中有 3 个 Tag 符合搜索条件，但结果只返回了 2 个，因为通过 limit 参数限制了返回数量：

```
1.    soup.find_all("a", limit=2)
2.    # [<a class="sister" href="http://example.com/elsie" id="link1">Elsie</a>,
3.    #  <a class="sister" href="http://example.com/lacie" id="link2">Lacie</a>]
```

⑤ recursive 参数。调用 Tag 的 find_all( )方法时，Beautiful Soup 会检索当前 Tag 的所有子孙节点，如果只想搜索 Tag 的直接子节点，可以使用参数 re-cursive=False。

一段简单的示例文档如下：

```
1.    <html>
2.      <head>
3.        <title>
4.          The Dormouse's story
5.        </title>
6.      </head>
7.    ...
```

是否使用 recursive 参数的搜索结果：

```
1.    soup.html.find_all("title")
2.    # [<title>The Dormouse's story</title>]
3.
4.    soup.html.find_all("title", recursive=False)
5.    # []
```

像调用 find_all( ) 一样调用 Tag。find_all( ) 几乎是 Beautiful Soup 中最常用的搜索方法，因此定义了它的简写方法。BeautifulSoup 对象和 Tag 对象可以被当作一个方法来使用，这个方法的执行结果与调用这个对象的 find_all( ) 方法相同，下面两行代码是等价的：

```
1.    soup. find_all("a")
2.    soup("a")
```

这两段代码也是等价的：

```
1.    soup. title. find_all(text=True)
2.    soup. title(text=True)
```

```
1.    find()
2.    find(name, attrs, recursive, text, **kwargs)
```

find_all( ) 方法将返回文档中符合条件的所有 Tag。有时候人们只想得到一个结果，比如文档中只有一个<body>标签，那么使用 find_all( ) 方法来查找<body>标签就不太合适，使用 find_all 方法并设置 limit=1 参数不如直接使用 find( ) 方法。下面两行代码是等价的：

```
1.    soup. find_all('title', limit=1)
2.    # [<title>The Dormouse's story</title>]
3.
4.    soup. find('title')
5.    # <title>The Dormouse's story</title>
```

唯一的区别是 find_all( ) 方法的返回结果是值包含一个元素的列表，而 find( ) 方法直接返回结果。

find_all( ) 方法没有找到目标时，返回空列表；find( ) 方法找不到目标时，返回 None。

```
1.    print(soup. find("nosuchtag"))
2.    # None
```

soup. head. title 是 Tag 的名字方法的简写。这个简写的原理就是多次调用当前 Tag 的 find( ) 方法：

```
1.    soup. head. title
2.    # <title>The Dormouse's story</title>
3.
4.    soup. find("head"). find("title")
5.    # <title>The Dormouse's story</title>
6.    find_parents() 和 find_parent()
7.    find_parents(name, attrs, recursive, text, **kwargs)
```

```
8.
9.    find_parent( name, attrs, recursive, text, ＊＊kwargs )
```

目前，已经用了很大篇幅来介绍 find_all( ) 和 find( ) 方法，Beautiful Soup 中还有 10 个用于搜索的 API。它们中的 5 个用的是与 find_all( ) 相同的搜索参数，另外 5 个与 find( ) 方法的搜索参数类似。区别仅是它们搜索文档的不同部分。

注意：find_all( ) 和 find( ) 只搜索当前节点的所有子节点、孙子节点等。

- find_parents( ) 和 find_parent( )

find_parents( ) 和 find_parent( ) 用来搜索当前节点的父辈节点，搜索方法与普通 Tag 的搜索方法相同，搜索文档包含的内容。从一个文档中的一个叶子节点开始，示例如下：

```
1.    a_string = soup.find( text="Lacie" )
2.    a_string
3.    # u'Lacie'
4.
5.    a_string.find_parents( "a" )
6.    # [<a class="sister" href="http://example.com/lacie" id="link2">Lacie</a>]
7.
8.    a_string.find_parent( "p" )
9.    # <p class="story">Once upon a time there were three little sisters; and their
          names were
10.   #   <a class="sister" href="http://example.com/elsie" id="link1">Elsie</a>,
11.   #   <a class="sister" href="http://example.com/lacie" id="link2">Lacie</a> and
12.   #   <a class="sister" href="http://example.com/tillie" id="link3">Tillie</a>;
13.   #   and they lived at the bottom of a well。</p>
14.
15.   a_string.find_parents( "p", class="title" )
16.   # [ ]
```

文档中的一个<a>标签是当前叶子节点的直接父节点，所以可以被找到。还有一个<p>标签，是目标叶子节点的间接父辈节点，所以也可以被找到。包含 class 值为"title"的<p>标签不是目标叶子节点的父辈节点，所以通过 find_parents( ) 方法搜索不到。find_parent( ) 和 find_parents( ) 方法会让人联想到 .parent 和 .parents 属性，它们之间的联系非常紧密。搜索父辈节点的方法实际上就是对 .parents 属性的迭代搜索。

- find_next_siblings( ) 和 find_next_sibling( )

```
1.    find_next_siblings( name, attrs, recursive, text, ＊＊kwargs )
2.
3.    find_next_sibling( name, attrs, recursive, text, ＊＊kwargs )
```

这 2 个方法通过 .next_siblings 属性对当前 Tag 的所有后面解析的兄弟 Tag

节点进行迭代。find_next_siblings( )方法返回所有符合条件的后面的兄弟节点，
find_next_sibling( )只返回符合条件的后面的第 1 个 Tag 节点。

```
1.   first_link = soup. a
2.   first_link
3.   # <a class="sister" href="http://example. com/elsie" id="link1">Elsie</a>
4.
5.   first_link. find_next_siblings("a")
6.   # [<a class="sister" href="http://example. com/lacie" id="link2">Lacie</a>,
7.   #   <a class="sister" href="http://example. com/tillie" id="link3">Tillie</a>]
8.
9.   first_story_paragraph = soup. find("p", "story")
10.  first_story_paragraph. find_next_sibling("p")
11.  # <p class="story">…</p>
```

● find_previous_siblings( )和 find_previous_sibling( )

```
1.   find_previous_siblings( name, attrs, recursive, text, **kwargs)
2.
3.   find_previous_sibling( name, attrs, recursive, text, **kwargs)
```

这 2 个方法通过 . previous_siblings 属性对当前 Tag 的前面解析的兄弟 Tag
节点进行迭代。find_previous_siblings( )方法返回所有符合条件的前面的兄弟节
点，find_previous_sibling( )方法返回第 1 个符合条件的前面的兄弟节点。

```
1.   last_link = soup. find("a", id="link3")
2.   last_link
3.   # <a class="sister" href="http://example. com/tillie" id="link3">Tillie</a>
4.
5.   last_link. find_previous_siblings("a")
6.   # [<a class="sister" href="http://example. com/lacie" id="link2">Lacie</a>,
7.   #   <a class="sister" href="http://example. com/elsie" id="link1">Elsie</a>]
8.
9.   first_story_paragraph = soup. find("p", "story")
10.  first_story_paragraph. find_previous_sibling("p")
11.  # <p class="title"><b>The Dormouse's story</b></p>
```

● find_all_next( )和 find_next( )

```
1.   find_all_next( name, attrs, recursive, text, **kwargs)
2.
3.   find_next( name, attrs, recursive, text, **kwargs)
```

这 2 个方法通过 . next_elements 属性对当前 Tag 之后的 Tag 和字符串进行迭
代。find_all_next( )方法返回所有符合条件的节点，find_next( )方法返回第 1 个
符合条件的节点。

```
1.    first_link = soup. a
2.    first_link
3.    # <a class="sister" href="http://example.com/elsie" id="link1">Elsie</a>
4.
5.    first_link. find_all_next(text=True)
6.    # [u'Elsie', u',\n', u'Lacie', u' and\n', u'Tillie',
7.    #   u';\nand they lived at the bottom of a well。', u'\n\n', u'...', u'\n']
8.
9.    first_link. find_next("p")
10.   # <p class="story">...</p>
```

第 1 个例子中,字符串"Elsie"也被显示出来,尽管它被包含在开始查找的<a>标签的里面。第 2 个例子中,最后一个<p>标签也被显示出来,尽管它与开始查找位置的<a>标签不属于同一部分。例子中,搜索的重点是要匹配过滤器的条件,并且是在文档中出现的顺序而不是开始查找的元素的位置。

- find_all_previous( )和 find_previous( )

```
1.    find_all_previous( name, attrs, recursive, text, **kwargs )
2.
3.    find_previous( name, attrs, recursive, text, **kwargs )
```

这 2 个方法通过 . previous_elements 属性对当前节点前面的 Tag 和字符串进行迭代,find_all_previous( )方法返回所有符合条件的节点,find_previous( )方法返回第 1 个符合条件的节点。

```
1.    first_link = soup. a
2.    first_link
3.    # <a class="sister" href="http://example.com/elsie" id="link1">Elsie</a>
4.
5.    first_link. find_all_previous("p")
6.    # [<p class="story">Once upon a time there were three little sisters;...</p>,
7.    #   <p class="title"><b>The Dormouse's story</b></p>]
8.
9.    first_link. find_previous("title")
10.   # <title>The Dormouse's story</title>
```

find_all_previous("p")返回了文档中的第 1 段(class="title"这段),但还返回了第 2 段,<p>标签包含了开始查找的<a>标签。不要惊讶,这段代码的功能是查找所有出现在指定<a>标签之前的<p>标签,因为这个<p>标签包含了开始的<a>标签,所以<p>标签一定是在<a>之前出现的。

4. CSS 选择器

Beautiful Soup 支持大部分的 CSS 选择器,在 Tag 或 Beautiful Soup 对象的 . select( )方法中传入字符串参数,即可使用 CSS 选择器的语法找到 Tag:

```
1.    soup. select("title")
2.    # [<title>The Dormouse's story</title>]
3.
4.    soup. select("p nth-of-type(3)")
5.    # [<p class="story">...</p>]
```

通过 Tag 标签逐层查找：

```
1.    soup. select("body a")
2.    # [<a class="sister" href="http://example.com/elsie" id="link1">Elsie</a>,
3.    #  <a class="sister" href="http://example.com/lacie"  id="link2">Lacie</a>,
4.    #  <a class="sister" href="http://example.com/tillie" id="link3">Tillie</a>]
5.
6.    soup. select("html head title")
7.    # [<title>The Dormouse's story</title>]
```

找到某个 Tag 标签下的直接子标签：

```
1.    soup. select("head > title")
2.    # [<title>The Dormouse's story</title>]
3.
4.    soup. select("p > a")
5.    # [<a class="sister" href="http://example.com/elsie" id="link1">Elsie</a>,
6.    #  <a class="sister" href="http://example.com/lacie"  id="link2">Lacie</a>,
7.    #  <a class="sister" href="http://example.com/tillie" id="link3">Tillie</a>]
8.
9.    soup. select("p > a:nth-of-type(2)")
10.   # [<a class="sister" href="http://example.com/lacie" id="link2">Lacie</a>]
11.
12.   soup. select("p > #link1")
13.   # [<a class="sister" href="http://example.com/elsie" id="link1">Elsie</a>]
14.
15.   soup. select("body > a")
16.   # []
```

找到兄弟节点标签：

```
1.    soup. select("#link1 ~ . sister")
2.    # [<a class="sister" href="http://example.com/lacie" id="link2">Lacie</a>,
3.    #  <a class="sister" href="http://example.com/tillie"  id="link3">Tillie</a>]
4.
5.    soup. select("#link1 +. sister")
6.    # [<a class="sister" href="http://example.com/lacie" id="link2">Lacie</a>]
```

通过 CSS 的类名查找：

```
1.    soup. select(". sister")
2.    # [<a class="sister" href="http://example. com/elsie" id="link1">Elsie</a>,
3.    #  <a class="sister" href="http://example. com/lacie" id="link2">Lacie</a>,
4.    #  <a class="sister" href="http://example. com/tillie" id="link3">Tillie</a>]
5.
6.    soup. select("[class˜ =sister]")
7.    # [<a class="sister" href="http://example. com/elsie" id="link1">Elsie</a>,
8.    #  <a class="sister" href="http://example. com/lacie" id="link2">Lacie</a>,
9.    #  <a class="sister" href="http://example. com/tillie" id="link3">Tillie</a>]
```

通过 Tag 的 id 查找：

```
1.    soup. select("#link1")
2.    # [<a class="sister" href="http://example. com/elsie" id="link1">Elsie</a>]
3.
4.    soup. select("a#link2")
5.    # [<a class="sister" href="http://example. com/lacie" id="link2">Lacie</a>]
```

通过是否存在某个属性来查找：

```
1.    soup. select('a[href]')
2.    # [<a class="sister" href="http://example. com/elsie" id="link1">Elsie</a>,
3.    #   <a class="sister" href="http://example. com/lacie" id="link2">Lacie</a>,
4.    #   <a class="sister" href="http://example. com/tillie" id="link3">Tillie</a>]
```

通过属性的值来查找：

```
1.    soup. select('a[href="http://example. com/elsie"]')
2.    # [<a class="sister" href="http://example. com/elsie" id="link1">Elsie</a>]
3.
4.    soup. select('a[href="http://example. com/"]')
5.    # [<a class="sister" href="http://example. com/elsie" id="link1">Elsie</a>,
6.    #  <a class="sister" href="http://example. com/lacie" id="link2">Lacie</a>,
7.    #   <a class="sister" href="http://example. com/tillie" id="link3">Tillie</a>]
8.
9.    soup. select('a[href $ ="tillie"]')
10.   # [<a class="sister" href="http://example. com/tillie" id="link3">Tillie</a>]
11.   soup. select('a[href * =". com/el"]')
12.   # [<a class="sister" href="http://example. com/elsie" id="link1">Elsie</a>]
```

通过语言设置来查找：

```
1.    multilingual_markup = """
2.    <p lang="en">Hello</p>
3.    <p lang="en-us">Howdy, y'all</p>
4.    <p lang="en-gb">Pip-pip, old fruit</p>
5.    <p lang="fr">Bonjour mes amis</p>
```

```
6.        """
7.        multilingual_soup = BeautifulSoup(multilingual_markup)
8.        multilingual_soup.select('p[lang|=en]')
9.        # [<p lang="en">Hello</p>,
10.       #  <p lang="en-us">Howdy, y'all</p>,
11.       #  <p lang="en-gb">Pip-pip, old fruit</p>]
```

对于熟悉 CSS 选择器语法的人来说这是个非常方便的方法。Beautiful Soup 也支持 CSS 选择器 API，如果仅仅需要 CSS 选择器的功能，那么直接使用 lxml 也可以。lxml 速度更快，支持更多的 CSS 选择器语法，Beautiful Soup 整合了 CSS 选择器的语法且自身方便使用 API。

5.3 使用 XPath

5.3.1 lxml 库简介和安装

lxml 是 Python 的一个解析库，支持 HTML 和 XML 的解析，支持 XPath 解析方式，而且解析效率非常高。

微课 5-8 lxml 库简介和安装

XPath，全称 XML Path Language，即 XML 路径语言，它是一门在 XML 文档中查找信息的语言，最初是用来搜寻 XML 文档的，但是它同样适用于 HTML 文档的搜索。XPath 的选择功能十分强大，它提供了非常简明的路径选择表达式，另外，它还提供了超过 100 个内建函数，用于字符串、数值、时间的匹配以及节点、序列的处理等，几乎所有人们想要定位的节点，都可以用 XPath 来选择。

在前面介绍 Beautiful Soup 时已经安装了 lxml 库，安装方式如下：

```
$ pip install lxml
```

5.3.2 选取节点

lxml 大部分功能都在 lxml.etree 中。网页下载下来以后是个字符串的形式，使用 etree.fromstring(str) 构建一个 etree._ElementTree 对象，使用 etree.tostring(text) 返回一个二进制 bytesarray 对象。再使用 decode('utf-8') 反编码的方式将它转换成一个字符串对象。

微课 5-9 选取节点

示例代码如下：

```
1.    from lxml import etree
2.
3.    text='''
4.    <div>
5.        <ul>
6.            <li class="item-0"><a href="link1.html">第一个</a></li>
7.            <li class="item-1"><a href="link2.html">second item</a></li>
```

```
8.              <li class="item-0"><a href="link5.html">a 属性</a>
9.          </ul>
10.     </div>
11.     '''
12.     html=etree.HTML(text) #初始化生成一个 XPath 解析对象
13.     result=etree.tostring(html,encoding='utf-8')    #解析对象输出代码
14.     print(type(html))
15.     print(type(result))
16.     print(result.decode('utf-8'))
```

以上代码的输出如下：

```
1.  <class 'lxml.etree._Element'>
2.  <class 'bytes'>
3.  #etree 会修复 HTML 文本节点
4.  <html><body><div>
5.      <ul>
6.          <li class="item-0"><a href="link1.html">第一个</a></li>
7.          <li class="item-1"><a href="link2.html">second item</a></li>
8.          <li class="item-0"><a href="link5.html">a 属性</a></li>
9.      </ul>
10.     </div>
11. </body></html>
```

etree.parse('test.html',etree.HTMLParser())也可以通过读取一个网页文件的方式构造一个 etree._ElementTree 对象。

```
html=etree.parse('test.html',etree.HTMLParser())
```

lxml 将文档解析成一个树形结构，lxml 使用 etree._Element 和 etree._ElementTree 来分别代表树中的节点和树。

etree._Element 是一个设计很精妙的结构，可以把它当作一个对象访问当前节点自身的文本节点；也可以把它当作一个数组，元素就是它的子节点；还可以把它当作一个字典，从而遍历它的属性。

_Element 和_ElementTree 分别具有 XPath 函数，如果 XPath 表达式应该返回元素的话，总是返回一个数组，即使只有一个元素。

XPath 使用规则见表 5-6。

表 5-6　XPath 的使用规则

表　达　式	描　　　　　述
nodename	选取此节点的所有子节点
/	从当前节点选取直接子节点
//	从当前节点选取子孙节点

续表

表 达 式	描 述
.	选取当前节点
..	选取当前节点的父节点
@	选取属性
*	通配符,选择所有元素节点与元素名
@*	选取所有属性
[@ attrib]	选取具有给定属性的所有元素
[@ attrib='value']	选取给定属性具有给定值的所有元素
[tag]	选取所有具有指定元素的直接子节点
[tag='text']	选取所有具有指定元素并且文本内容是 text 的节点

例如获取文档中的所有节点:

```
1.   from lxml import etree
2.
3.   html = etree. parse('test',etree. HTMLParser( ) )
4.   result = html. XPath('// * ')   #//代表获取子孙节点,*代表获取所有
5.
6.   print(type(html) )
7.   print(type(result) )
8.   print(result)
```

输出如下:

```
1.   #
2.   <class 'lxml. etree. _ElementTree'>
3.   <class 'list'>
4.   [<Element html at 0x754b210048>,<Element body at 0x754b210108>,<Element div
     at 0x754b210148>,<Element ul at 0x754b210188>,<Element li at 0x754b2101c8>,
     <Element a at 0x754b210248>, <Element li at 0x754b210288>, <Element a at
     0x754b2102c8>, <Element li at 0x754b210308>, <Element a at 0x754b210208>,
     <Element li at 0x754b210348>, <Element a at 0x754b210388>, <Element li at
     0x754b2103c8>, <Element a at 0x754b210408>]
```

如要获取 li 节点,可以使用//后面加上节点名称,然后调用 XPath( )方法:

```
html. XPath('//li')   #获取所有子孙节点的 li 节点
```

在选取的时候,还可以用@ 符号进行属性过滤。比如,这里如果要选取 class 为 item-1 的 li 节点,可以这样实现:

```
1.   from lxml import etree
2.   from lxml. etree import HTMLParser
```

```
3.    text='''
4.    <div>
5.        <ul>
6.            <li class="item-0"><a href="link1.html">第一个</a></li>
7.            <li class="item-1"><a href="link2.html">second item</a></li>
8.        </ul>
9.    </div>
10.   '''
11.
12.   html=etree.HTML(text,etree.HTMLParser())
13.   result=html.XPath('//li[@class="item-1"]')
14.   print(result)
```

用 XPath 中的 text() 方法获取节点中的文本：

```
1.    from lxml import etree
2.
3.    text='''
4.    <div>
5.        <ul>
6.            <li class="item-0"><a href="link1.html">第一个</a></li>
7.            <li class="item-1"><a href="link2.html">second item</a></li>
8.        </ul>
9.    </div>
10.   '''
11.
12.   html=etree.HTML(text,etree.HTMLParser())
13.   result=html.XPath('//li[@class="item-1"]/a/text()')   #获取 a 节点下的内容
14.   result1=html.XPath('//li[@class="item-1"]//text()')
                                        #获取 li 下所有子孙节点的内容
15.
16.   print(result)
17.   print(result1)
```

使用@符号即可获取节点的属性，如下代码可以获取所有 li 节点下所有 a 节点的 href 属性：

```
1.    result=html.XPath('//li/a/@href')    #获取 a 的 href 属性
2.    result=html.XPath('//li//@href')     #获取所有 li 子孙节点的 href 属性
```

如果某个属性的值有多个时，可以使用 contains() 函数来获取：

```
1.    from lxml import etree
2.
3.    text1='''
```

```
4.    <div>
5.        <ul>
6.            <li class="aaa item-0"><a href="link1.html">第一个</a></li>
7.            <li class="bbb item-1"><a href="link2.html">second item</a></li>
8.        </ul>
9.    </div>
10.  '''
11.
12.  html=etree.HTML(text1,etree.HTMLParser())
13.  result=html.XPath('//li[@class="aaa"]/a/text()')
14.  result1=html.XPath('//li[contains(@class,"aaa")]/a/text()')
15.
16.  print(result)
17.  print(result1)
```

输出如下：

```
1.    #通过第1种方法没有取到值,通过contains()就能精确匹配到节点了
2.    []
3.    ['第一个']
```

另外还可能遇到一种情况，那就是根据多个属性确定一个节点，这时就需要同时匹配多个属性，此时可以运用 and 运算符来连接使用：

```
1.    from lxml import etree
2.
3.    text1='''
4.    <div>
5.        <ul>
6.            <li class="aaa" name="item"><a href="link1.html">第一个</a></li>
7.            <li class="aaa" name="fore"><a href="link2.html">second item</a>
              </li>
8.        </ul>
9.    </div>
10.  '''
11.
12.  html=etree.HTML(text1,etree.HTMLParser())
13.  result=html.XPath('//li[@class="aaa" and @name="fore"]/a/text()')
14.  result1=html.XPath('//li[contains(@class,"aaa") and @name="fore"]/a/text()')
15.
16.  print(result)
17.  print(result1)
```

输出如下：

```
1.     ['second item']
2.     ['second item']
```

5.3.3　节点间的关系

节点间往往存在父子、兄弟等关系，使用 XPath 也可以表示这些关系。

通过"/"或者"//"即可查找元素的子节点或者子孙节点，如果想选择 li 节点的所有直接 a 节点，可以这样使用：

```
result=html.XPath('//li/a')
#通过追加/a 选择所有 li 节点的所有直接 a 节点,因为//li 用于选中所有 li 节点,/a 用
#于选中 li 节点的所有直接子节点 a
```

通过连续的"/"或者"//"可以查找子节点或子孙节点，那么要查找父节点可以使用 .. 来实现，也可以使用 parent∷来获取。

```
1.     from lxml import etree
2.     from lxml. etree import HTMLParser
3.     text=''
4.     <div>
5.         <ul>
6.             <li class="item-0"><a href="link1. html">第一个</a></li>
7.             <li class="item-1"><a href="link2. html">second item</a></li>
8.         </ul>
9.     </div>
10.    '''
11.
12.    html=etree. HTML( text,etree. HTMLParser( ) )
13.    result=html.XPath('//a[@href="link2. html"]/../@class')
14.    result1=html.XPath('//a[@href="link2. html"]/parent∷*/@class')
15.    print( result)
16.    print( result1)
```

输出如下：

```
1.     ['item-1']
2.     ['item-1']
```

XPath 提供了很多节点选择方法，包括获取子元素、兄弟元素、父元素、祖先元素等，示例如下：

```
1.     from lxml import etree
2.     text1=''
       <div>
           <ul>
```

```
                    <li class="aaa" name="item"><a href="link1.html">第一个</a></li>
                    <li class="aaa" name="item"><a href="link1.html">第二个</a></li>
                    <li class="aaa" name="item"><a href="link1.html">第三个</a></li>
                    <li class="aaa" name="item"><a href="link1.html">第四个</a></li>
3.          </ul>
4.      </div>
5.  '''
6.  html = etree.HTML(text1, etree.HTMLParser())
    result = html.XPath('//li[1]/ancestor::*')      #获取所有祖先节点
    result1 = html.XPath('//li[1]/ancestor::div')   #获取 div 祖先节点
    result2 = html.XPath('//li[1]/attribute::*')    #获取所有属性值
    result3 = html.XPath('//li[1]/child::*')        #获取所有直接子节点
    result4 = html.XPath('//li[1]/descendant::a')   #获取所有子孙节点的 a 节点
7.  result5 = html.XPath('//li[1]/following::*')    #获取当前子节点之后的所有节点
8.  result6 = html.XPath('//li[1]/following-sibling::*')  #获取当前节点的所有同级节点
```

输出如下：

```
1.  [<Element html at 0x3ca6b960c8>, <Element body at 0x3ca6b96088>, <Element div
    at 0x3ca6b96188>, <Element ul at 0x3ca6b961c8>]
    [<Element div at 0x3ca6b96188>]
    ['aaa', 'item']
    [<Element a at 0x3ca6b96248>]
    [<Element a at 0x3ca6b96248>]
    [<Element li at 0x3ca6b96308>, <Element a at 0x3ca6b96348>, <Element li at
    0x3ca6b96388>, <Element a at 0x3ca6b963c8>, <Element li at 0x3ca6b96408>, <El-
    ement a at 0x3ca6b96488>]
2.  [<Element li at 0x3ca6b96308>, <Element li at 0x3ca6b96388>, <Element li at
    0x3ca6b96408>]
```

5.3.4　谓语的使用

微课 5-10　谓语
的使用

谓语用来查找某个特定的节点或者包含某个指定的值的节点，谓语被嵌在方括号中。在选择节点的时候，某些属性可能同时匹配多个节点，但如果只想要其中的某个节点，如第 2 个节点或者最后 1 个节点，这时可以利用中括号引入索引的方法获取特定次序的节点：

```
1.  from lxml import etree
2.
3.  text1 = '''
4.  <div>
5.      <ul>
6.          <li class="aaa" name="item"><a href="link1.html">第 1 个</a></li>
7.          <li class="aaa" name="item"><a href="link1.html">第 2 个</a></li>
8.          <li class="aaa" name="item"><a href="link1.html">第 3 个</a></li>
```

```
9.         <li class="aaa" name="item"><a href="link1.html">第 4 个</a></li>
10.       </ul>
11.     </div>
12.   '''
13.
14.   html=etree.HTML(text1,etree.HTMLParser())
15.
16.   result=html.XPath('//li[contains(@class,"aaa")]/a/text()')
       #获取所有 li 节点下 a 节点的内容
17.   result1=html.XPath('//li[1][contains(@class,"aaa")]/a/text()')
       #获取第 1 个节点
18.   result2=html.XPath('//li[last()][contains(@class,"aaa")]/a/text()')
       #获取最后 1 个节点
19.   result3=html.XPath('//li[position()>2
       and position()<4][contains(@class,"aaa")]/a/text()') #获取第 1 个节点
20.   result4=html.XPath('//li[last()-2][contains(@class,"aaa")]/a/text()')
       #获取倒数第 3 个节点
21.
22.   print(result)
23.   print(result1)
24.   print(result2)
25.   print(result3)
26.   print(result4)
```

输出如下:

```
1.   ['第 1 个','第 2 个','第 3 个','第 4 个']
2.   ['第 1 个']
3.   ['第 4 个']
4.   ['第 3 个']
5.   ['第 2 个']
```

这里使用了 last()、position() 函数,在 XPath 中,提供了 100 多个函数,包括存取、数值、字符串、逻辑、节点、序列等处理功能,它们的具体作用可参考:http://www.w3school.com.cn/XPath/XPath_functions.asp 网站。

5.3.5 XPath 运算符

微课 5-11 XPath
运算符

在使用谓语时还会用到运算符,见表 5-7。

表 5-7 谓语中的运算符

运算符	描 述	示 例	返 回 值
or	或	age=19 or age=20	如果 age 等于 19 或者等于 20 则返回 True,否则返回 False
and	与	age>19 and age<21	如果 age 等于 20 则返回 True,否则返回 False

续表

运算符	描　述	示　例	返　回　值
mod	取余	5 mod 2	1
|	取两个节点的集合	//book | //cd	返回所有拥有 book 和 cd 元素的节点集合
+	加	6+4	10
−	减	6−4	2
∗	乘	6 ∗ 4	24
div	除法	8 div 4	2
=	等于	age = 19	True
! =	不等于	age ! = 19	True
<	小于	age<19	True
<=	小于或等于	age<= 19	True
>	大于	age>19	True
>=	大于或等于	age>= 19	True

第6章

Scrapy 爬虫框架

知识目标：

1）了解 Scrapy 爬虫框架的基本原理

2）了解 Scrapy 爬虫框架的常用模块

3）掌握 Scrapy 爬虫框架数据处理流程

能力目标：

1）能够使用 Scrapy 爬虫框架编写网络爬虫

2）能够使用 Scrapy 爬虫框架以各种格式保存获取到的数据

6.1 Scrapy 框架简介和安装

6.1.1 Scrapy 框架介绍

微课 6-1 Scrapy
框架介绍

Scrapy 是使用 Python 语言开发的一个快速、高层次的屏幕抓取和 Web 抓取框架，用于抓取 Web 站点并从页面中提取结构化的数据。Scrapy 就是 Scrach + Python 的意思。

Scrapy 用途广泛，可以用于数据挖掘、监测和自动化测试、信息处理和历史档案等大量应用范围内抽取结构化数据的应用程序框架，广泛用于工业。

Scrapy 使用 Twisted 这个异步网络库来处理网络通信，架构清晰，并且包含了各种中间件接口，可以灵活地完成各种需求。Scrapy 是用由 Twisted 编写的一个受欢迎的 Python 事件驱动网络框架，它使用的是非堵塞的异步处理。

Scrapy 的特点如下。

- 是一个开源和免费使用的网络爬虫框架。
- 支持如 JSON、CSV 和 XML 等格式文件导出。
- 使用 XPath 或 CSS 表达式的选择器来提取数据。
- 很容易扩展，快速且功能强大。
- 是一个跨平台应用程序框架，可以运行在 Windows、Linux、Mac OS 和 BSD 上。
- 提供了请求调度和异步处理功能。
- 附带了一个名为 Scrapyd 的内置服务，它允许使用 JSON Web 服务上传项目和控制网络爬虫。

Scrapy 主要包括了以下组件，如图 6-1 所示：

微课 6-2 Scrapy
五大基本构成

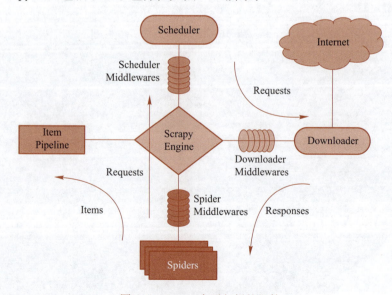

图 6-1 Scrapy 主要包括的组件

- 引擎（Scrapy）

引擎用来处理整个系统的数据流处理，触发事务（框架核心）。

- 调度器（Scheduler）

调度器用来接受引擎发过来的请求，压入队列中，并在引擎再次请求的时候返回。可以想象成一个 URL（抓取网页的网址或者说是超链接）的优先队列，由它来决定下一个要抓取的网址是什么，同时去除重复的网址。

- 下载器（Downloader）

下载器用于下载网页内容，并将网页内容返回给网络爬虫（Scrapy 下载器是建立在 Twisted 这个高效的异步模型上的）。

- 网络爬虫（Spiders）

网络爬虫是主要干活的，用于从特定的网页中提取所需要的信息，即所谓的实体（Item）。用户也可以从中提取出超链接，让 Scrapy 继续抓取下一个页面。

- 项目管道（Pipeline）

项目管道负责处理网络爬虫从网页中抽取的实体，主要的功能是持久化实体、验证实体的有效性、清除不需要的信息。当页面被网络爬虫解析后，将被发送到项目管道，并经过几个特定的程序处理数据。

- 下载器中间件（Downloader Middlewares）

下载器中间件位于 Scrapy 引擎和下载器之间的框架，主要是处理 Scrapy 引擎与下载器之间的请求及响应。

- 网络爬虫中间件（Spider Middlewares）

网络爬虫中间件是介于 Scrapy 引擎和网络爬虫之间的框架，主要工作是处理网络爬虫的响应输入和请求输出。

- 调度中间件（Scheduler Middlewares）

调度中间件介于 Scrapy 引擎和调度之间的中间件，从 Scrapy 引擎发送到调度的请求和响应。

Scrapy 运行流程大概如下：

① 引擎从调度器中取出一个超链接（URL）用于接下来的抓取。

② 引擎把 URL 封装成一个请求（Request）传给下载器。

③ 下载器把资源下载下来，并封装成应答包（Response）。

④ 网络爬虫解析应答包。

⑤ 解析出实体（Item），则交给实体管道进行进一步的处理。

⑥ 解析出的是超链接（URL），则把 URL 交给调度器等待抓取。

6.1.2　安装 Scrapy 框架

安装命令如下：

```
pip install Scrapy
```

微课 6-3　安装
Scrapy 框架

Scrapy 需要依赖 Twisted 这个异步网络库，当运行 pip install Scrapy 过程中可能会出现安装 Twisted 报错。

原来是 Twisted 在 Windows 下安装编译经常会出问题。可以从下面的网站根据自己的平台和 Python 版本下载合适的已编译好的 Twisted：

https://www.lfd.uci.edu/~gohlke/pythonlibs/

网站列表如下：

Twisted, an event-driven networking engine.
Twisted-17.9.0-cp27-cp27m-win32.whl
Twisted-17.9.0-cp27-cp27m-win_amd64.whl
Twisted-17.9.0-cp34-cp34m-win32.whl
Twisted-17.9.0-cp34-cp34m-win_amd64.whl
Twisted-17.9.0-cp35-cp35m-win32.whl
Twisted-17.9.0-cp35-cp35m-win_amd64.whl
Twisted-17.9.0-cp36-cp36m-win32.whl
Twisted-17.9.0-cp36-cp36m-win_amd64.whl

32 位的系统下载 Win32 版本，64 位的系统下载 AMD64 版本，Python 3.6
下载带 cp36 的版本。

例如下载 Twisted-17.9.0-cp36-cp36m-win_amd64.whl，然后到存放下载
文件的目录执行如下命令就可以了：

pip install Twisted-17.9.0-cp36-cp36m-win_amd64.whl

安装后，只要在命令终端输入 scrapy，提示类似图 6-2 结果，代表已经安
装成功。

```
C:\Users\admin-scrapy
Scrapy 1.6.0 - no active project

Usage:
  scrapy <command> [options] [args]

Available commands:
  bench         Run quick benchmark test
  fetch         Fetch a URL using the Scrapy downloader
  genspider     Generate new spider using pre-defined templates
  runspider     Run a self-contained spider (without creating a project)
  settings      Get settings values
  shell         Interactive scraping console
  startproject  Create new project
  version       Print Scrapy version
  view          Open URL in browser, as seen by Scrapy

  [ more ]      More commands available when run from project directory

Use "scrapy <command> -h" to see more info about a command
```

图 6-2

微课 6-4　创建
一个网络爬虫项目

6.2　项目创建和项目目录介绍

6.2.1　创建一个网络爬虫项目

选择一个合适的目录，然后运行如下的命令：

```
1.    scrapy startproject mySpider
```

其中，mySpider 为项目名称，可以看到系统将会创建一个 mySpider 文件夹，目录结构大致如图 6-3 所示：

__pycache__	2019/5/13 18:48	文件夹	
spiders	2019/5/13 18:39	文件夹	
__init__.py	2019/5/5 17:26	PY 文件	0 KB
items.py	2019/5/13 18:06	PY 文件	1 KB
middlewares.py	2019/5/13 18:06	PY 文件	4 KB
pipelines.py	2019/5/13 18:06	PY 文件	1 KB
settings.py	2019/5/13 18:48	PY 文件	4 KB

图 6-3

6.2.2 项目目录分析

微课 6-5 项目
目录分析

下面来简单介绍一下各个主要文件的作用。

- scrapy.cfg：项目的配置文件。
- mySpider/：项目的 Python 模块，将会从这里引用代码。
- mySpider/items.py：项目的目标文件。
- mySpider/pipelines.py：项目的管道文件。
- mySpider/settings.py：项目的设置文件。
- mySpider/spiders/：存储网络爬虫代码目录。

6.3 编写网络爬虫

6.3.1 创建网络爬虫

第 1 个网络爬虫是从豆瓣电影网页爬取历史上排名前 250 名的电影数据，如图 6-4 所示：

① 首先转到 mySpider 目录，执行如下命令：

```
1.    scrapy genspider douban movie.douban.com/top250
```

douban 是网络爬虫的名称；movie.douban.com/top250 是需要爬取数据开始的网址。

执行完成命令后会在 spiders 目录中创建一个 douban.py 文件，初始文件内容如下：

```
2.    import scrapy
3.    class DoubanSpider(scrapy.Spider):
```

```
4.        name = 'douban'
5.        allowed_domains = ['movie. douban. com/top250/']
6.    start_urls = ['http://movie. douban. com/top250/']
7.
8.        def parse(self, response):
9.            pass
```

豆瓣电影 Top 250

☐ 我没看过的

1　肖申克的救赎 / The Shawshank Redemption / 月黑高飞(港) / 刺激1995(台) [可播放]

导演: 弗兰克·德拉邦特 Frank Darabont　主演: 蒂姆·罗宾斯 Tim Robbins /...

1994 / 美国 / 犯罪 剧情

★★★★★　9.6　1421003人评价

❝ 希望让人自由。 ❞

2　霸王别姬 / 再见，我的妾 / Farewell My Concubine [可播放]

导演: 陈凯歌 Kaige Chen　主演: 张国荣 Leslie Cheung / 张丰毅 Fengyi Zha...

1993 / 中国大陆 香港 / 剧情 爱情 同性

★★★★★　9.6　1052554人评价

❝ 风华绝代。 ❞

图 6-4

文件中定义了一个继承 scrapy. Spider 的类 DoubanSpider，在类中有一些属性。

- name：它定义了网络爬虫的唯一名称。
- allowed_domains：它限制了网络爬虫抓取的 URL 范围。
- start-urls：网络爬虫开始爬取的 URL 列表。

parse(self, response)：是提取并解析数据的方法。参数 response 是访问开始 URL 后返回的响应对象，可以从响应对象获取返回的数据。响应对象有一个 xpath 方法支持以 xpath 的方式提取数据。

② 提取每个电影的名称和评分，下面用开发者工具中 Elements 窗口分别查看这两个数据存放的 xpath。

电影名称的 xpath://div[@ class = 'item']//a/span[1]/text()，如图 6-5 所示。

电影评分的 xpath://div[@ class ='star']/span[2]/text()，如图 6-6 所示。

图 6-5

图 6-6

③ Scrapy 提取数据有自己的一套机制，它们被称作选择器（selectors），因为它们通过特定的 XPath 或者 CSS 表达式来"选择" HTML 文件中的某个部分。XPath 是一门用来在 XML 文件中选择节点的语言，也可以用在 HTML 上。CSS 是一门将 HTML 文档样式化的语言。选择器由它定义，并与特定的 HTML 元素的样式相关联。Scrapy 选择器构建于 lxml 库之上，这意味着它们在速度和解析准确性上非常相似。

由于在 response 中使用 XPath、CSS 查询十分普遍，因此，Scrapy 提供了两个实用的快捷方式：response. xpath( ) 及 response. css( )。. xpath( ) 及 . css( ) 方法返回一个类 SelectorList 的实例，它是一个新选择器的列表。为了提取真实的原文数据，还需要调用 . extract( ) 方法。

yield 的作用就是把一个函数变成一个生成器（generator），带有 yield 的函数不再是一个普通函数，Python 解释器会将其视为一个生成器。

Scrapy 中使用 yield 循环处理网页：

① Scrapy 框架对含有 yield 关键字的 parse( ) 方法的调用是以迭代的方式进行的。相当于：

```
1.    for n in parse( self, response) :
2.        pass
```

② Python 将 parse( ) 函数视为生成器，但首次调用才会开始执行代码，每次迭代请求（即上面的 for 循环）才会执行 yield 处的循环代码，生成每次迭代的值。

下面是完整的代码：

```
1.    import scrapy
2.    class DoubanSpider( scrapy. Spider) :
3.        name = 'douban'
4.        allowed_domains = ['movie. douban. com']
5.        start_urls = ['http://movie. douban. com/top250']
6.
7.        def parse( self, response) :
8.            movie_name = response. xpath( "//div[@class='item']//a/span[1]/text( )")
    . extract( )
9.            movie_score = response. xpath( "//div[@class='star']/span[2]/text( )")
    . extract( )
10.            yield {
11.                'movie_name':movie_name,
12.                'movie_score':movie_core
13.            }
```

③ 输入以下的命令，运行网络爬虫：

```
scrapy crawl douban
```

但是第一次运行，会报下面的出错信息，如图 6-7 所示：

第一条错误是因为访问 robots. txt 文件时的错误，需要到 settings. py 中修改如下的代码：

```
1.    # Obey robots. txt rules
2.    ROBOTSTXT_OBEY = True
```

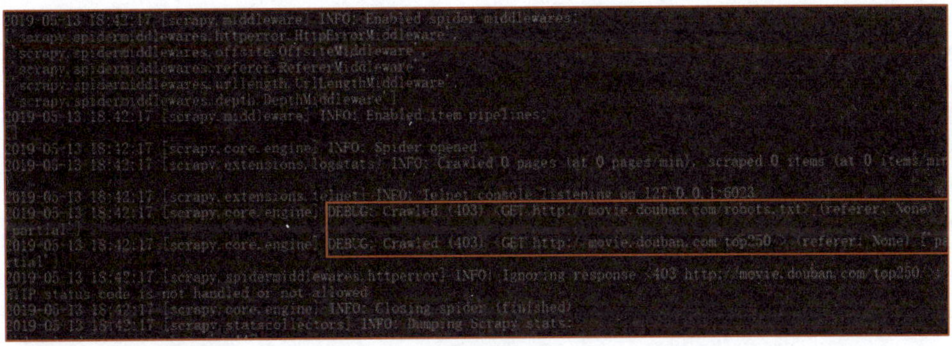

图 6-7

改成如下：

1.　# Obey robots. txt rules
2.　ROBOTSTXT_OBEY =False

另一个问题是因为 User‑Agent 不正确造成的，修改 settings. py 中如下代码：

1.　# Override the default request headers：
2.　# DEFAULT_REQUEST_HEADERS = {
3.　#　'Accept': 'text/html,application/xhtml+xml,application/xml;q=0. 9, * / * ;q=0. 8',
4.　#　'Accept‑Language': 'en',
5.　# }

将这段代码的注释打开，并添加如下的代码：

1.　DEFAULT_REQUEST_HEADERS = {
2.　'Accept': 'text/html,application/xhtml+xml,application/xml;q=0. 9, * / * ;q=0. 8',
3.　'Accept‑Language': 'en',
4.　'User‑Agent':'Mozilla/5. 0 （Windows NT 6. 1；WOW64）AppleWebKit/537. 36（KHTML，like Gecko）Chrome/39. 0. 2171. 71 Safari/537. 36'
5.　}

再次运行网络爬虫，输出如图 6‑8 所示：

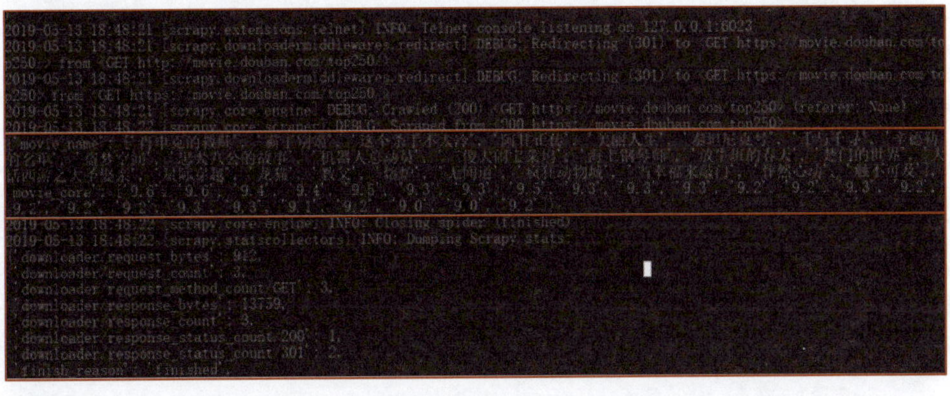

图 6‑8

至此，数据已经可以正常的爬取了。

微课 6-6　Scrapy
Shell 的使用

6.3.2　Scrapy Shell 的使用

Scrapy 终端是一个交互终端，可以在未启动 Spider 的情况下调试代码，也可以用来测试 XPath 或 CSS 表达式，查看其工作方式，方便从爬取的网页中提取的数据。

如果安装了 IPython，Scrapy 终端将使用 IPython（替代标准 Python 终端）。IPython 终端与其他终端相比更为强大，具有智能的自动补全、高亮输出及其他特性。

安装 IPython：

```
pip install ipython
```

命令行中执行下列命令来启动 Shell：

```
scrapy shell "http://movie.douban.com/top250"
```

输出内容：

```
1.    2019-05-19 15:44:22 [scrapy.utils.log] INFO: Scrapy 1.6.0 started (bot：mySpider)
2.    2019-05-19 15:44:22 [scrapy.utils.log] INFO：Versions: lxml 4.2.1.0, libxml2
      2.9.8, cssselect 1.0.3, parsel 1.5.1, w3lib 1.20.0, Twisted 19.2.0, Python 3.6.5
      |Anaconda, Inc.| (default, Mar 29 2018, 13:32:41) [MSC v.1900 64 bit
      (AMD64)], pyOpenSSL 18.0.0 (OpenSSL 1.1.1b  26 Feb 2019), cryptography
      2.6.1, Platform Windows-10-10.0.17763-SP0
3.    2019-05-19 15:44:22 [scrapy.crawler] INFO: Overridden settings: {'BOT_NAME':
      'mySpider', 'DUPEFILTER_CLASS': 'scrapy.dupefilters.BaseDupeFilter', 'FEED_EX-
      PORT_ENCODING': 'gb18030', 'LOGSTATS_INTERVAL': 0, 'NEWSPIDER_
      MODULE': 'mySpider.spiders', 'SPIDER_MODULES': ['mySpider.spiders']}
4.    2019-05-19 15:44:22 [scrapy.extensions.telnet] INFO: Telnet Password：6054e04
      60a44543a
5.    2019-05-19 15:44:22 [scrapy.middleware] INFO: Enabled extensions：
6.    ['scrapy.extensions.corestats.CoreStats',
7.     'scrapy.extensions.telnet.TelnetConsole']
8.    2019-05-19 15:44:22 [scrapy.middleware] INFO：Enabled downloader middlewares：
9.    ['scrapy.downloadermiddlewares.httpauth.HttpAuthMiddleware',
10.    'scrapy.downloadermiddlewares.downloadtimeout.DownloadTimeoutMiddleware',
11.    'scrapy.downloadermiddlewares.defaultheaders.DefaultHeadersMiddleware',
12.    'scrapy.downloadermiddlewares.useragent.UserAgentMiddleware',
13.    'scrapy.downloadermiddlewares.retry.RetryMiddleware',
14.    'scrapy.downloadermiddlewares.redirect.MetaRefreshMiddleware',
15.    'scrapy.downloadermiddlewares.httpcompression.HttpCompressionMiddleware',
16.    'scrapy.downloadermiddlewares.redirect.RedirectMiddleware',
17.    'scrapy.downloadermiddlewares.cookies.CookiesMiddleware',
18.    'scrapy.downloadermiddlewares.httpproxy.HttpProxyMiddleware',
```

```
19.    'scrapy.downloadermiddlewares.stats.DownloaderStats']
20.    2019-05-19 15:44:22 [scrapy.middleware] INFO: Enabled spider middlewares:
21.    ['scrapy.spidermiddlewares.httperror.HttpErrorMiddleware',
22.     'scrapy.spidermiddlewares.offsite.OffsiteMiddleware',
23.     'scrapy.spidermiddlewares.referer.RefererMiddleware',
24.     'scrapy.spidermiddlewares.urllength.UrlLengthMiddleware',
25.     'scrapy.spidermiddlewares.depth.DepthMiddleware']
26.    2019-05-19 15:44:22 [scrapy.middleware] INFO: Enabled item pipelines:
27.    []
28.    2019-05-19 15:44:22 [scrapy.extensions.telnet] INFO: Telnet console listening on
       127.0.0.1:6023
29.    2019-05-19 15:44:22 [scrapy.core.engine] INFO: Spider opened
30.    2019-05-19 15:44:23 [scrapy.downloadermiddlewares.redirect] DEBUG: Redirecting
       (301) to <GET https://movie.douban.com/top250> from <GET http://movie.douban.
       com/top250>
31.    2019-05-19 15:44:23 [scrapy.core.engine] DEBUG: Crawled (200) <GET
       https://movie.douban.com/top250> (referer: None)
32.    [s] Available Scrapy objects:
33.    [s]   scrapy      scrapy module (contains scrapy.Request, scrapy.Selector, etc)
34.    [s]   crawler     <scrapy.crawler.Crawler object at 0x0000022D39617978>
35.    [s]   item        {}
36.    [s]   request     <GET http://movie.douban.com/top250>
37.    [s]   response    <200 https://movie.douban.com/top250>
38.    [s]   settings    <scrapy.settings.Settings object at 0x0000022D39617828>
39.    [s]   spider      <DoubanSpider 'douban' at 0x22d39925550>
40.    [s] Useful shortcuts:
41.    [s]   fetch(url[, redirect=True]) Fetch URL and update local objects (by default,
       redirects are followed)
42.    [s]   fetch(req)                  Fetch a scrapy.Request and update local objects
43.    [s]   shelp()          Shell help (print this help)
44.    [s]   view(response)   View response in a browser
45.    In [1]:
```

Scrapy Shell 根据下载的页面会自动创建一些方便使用的对象，例如
Response 对象，以及 Selector 对象（对 HTML 及 XML 内容）。

当 Shell 载入后，将得到一个包含 response 数据的本地 response 变量，输入
response.body 将输出 response 的包体，输出 response.headers 可以看到 response
的包头。

输入 response.selector 时，将获取到一个 response 初始化的类 Selector 的对
象，此时可以通过使用 response.selector.xpath() 或 response.selector.css() 来对
response 进行查询。Scrapy 也提供了一些快捷方式，例如 response.xpath() 或 re-
sponse.css()。

下面对第 1 个爬虫中使用的 xpath 在 Scrapy Shell 中进行测试：

```
1.    In [7]: response. headers
2.    Out[7]:
3.    {b'Date': b'Sun, 19 May 2019 07:44:24 GMT',
4.     b'Content-Type': b'text/html; charset=utf-8',
5.     b'Vary': b'Accept-Encoding',
6.     b'X-Xss-Protection': b'1; mode=block',
7.     b'X-Douban-Mobileapp': b'0',
8.     b'Expires': b'Sun, 1 Jan 2006 01:00:00 GMT',
9.     b'Pragma': b'no-cache',
10.    b'Cache-Control': b'must-revalidate, no-cache, private',
11.    b'Set-Cookie': b'bid=S-dnf2REfBA; Expires=Mon, 18-May-20 07:44:24 GMT;
       Domain=. douban. com; Path=/',
12.    b'X-Douban-Newbid': b'S-dnf2REfBA',
13.    b'X-Dae-Node': b'anson67',
14.    b'X-Dae-App': b'movie',
15.    b'Server': b'dae',
16.    b'X-Content-Type-Options': b'nosniff'}
17.
18.    # 返回 xpath 选择器对象列表
19.    In [8]: response. xpath('//title')
20.    Out[8]: [<Selector xpath='//title' data='<title>\n 豆瓣电影 Top 250\n</title>'>]
21.
22.    # 使用 extract( )方法返回字符串列表
23.    In [9]: response. xpath('//title'). extract( )
24.    Out[9]: ['<title>\n 豆瓣电影 Top 250\n</title>']
25.
26.    # 打印列表第 1 个元素,终端编码格式显示
27.    In [10]: response. xpath('//title'). extract( )[0]
28.    Out[10]: '<title>\n 豆瓣电影 Top 250\n</title>'
29.
30.    # 返回列表第 1 个字符串
31.    In [11]: response. xpath('//title/text( )'). extract( )[0]
32.    Out[11]: '\n 豆瓣电影 Top 250\n'
33.
34.    # 返回第 1 个电影标题
35.    In [12]: response. xpath("//div[@class='item']//a/span[1]/text( )"). extract( )[0]
36.    Out[12]: '肖申克的救赎'
37.
38.    # 返回第 1 个电影评分
39.    In [13]: response. xpath("//div[@class='star']/span[2]/text( )"). extract( )[0]
40.    Out[13]: '9. 6'
```

以后做数据提取的时候，可以先在 Scrapy Shell 中测试，测试通过后再应用到代码中。

6.3.3 自动翻页

可以注意到，第 1 个网络爬虫还是只能爬到当前页的 25 个电影的内容。怎么样才能把所有电影一起爬下来呢？这个就需要让网络爬虫实现自动翻页的功能。

实现自动翻页一般有两种方法：

① 在页面中找到下一页的地址。

② 自己根据 URL 的变化规律构造所有页面地址。

这里使用第 1 种方法。首先利用 Chrome 浏览器的开发者工具找到下一页的地址：

它的 Xpath 为：//span[@class="next"]/a/@href，如图 6-9 所示。

图 6-9

获取到的内容为"?start=25&filter="，需要将开始网址和获取到的内容拼接到一起：

```
next_url = 'https://movie.douban.com/top250' + next_url
```

然后在解析该页面时获取下一页的地址并将地址交给调度器（Scheduler）：

```
yield scrapy.Request(next_url,callback=self.parse)
```

完整的网络爬虫代码如下：

```
1.    import scrapy
2.
3.    class DoubanSpider(scrapy.Spider):
4.        name = 'douban'
5.        allowed_domains = ['movie.douban.com']
6.        start_urls = ['https://movie.douban.com/top250']
7.
8.        def parse(self, response):
```

```
9.            movie_name = response.xpath("//div[@class='item']//a/span[1]/
    text()").extract()
10.           movie_score = response.xpath("//div[@class='star']/span[2]/text()")
    .extract()
11.         yield {
12.             'movie_name':movie_name,
13.             'movie_score':movie_score
14.         }
15.         #自动翻页
16.         next_url = response.xpath('//span[@class="next"]/a/@href').
    extract()[0]
17.         if next_url:
18.             print(next_url)
19.             next_url = 'https://movie.douban.com/top250' + next_url
20.             yield scrapy.Request(next_url,callback=self.parse)
```

6.4 Item 和 Pipeline

6.4.1 使用 Item

微课 6-7 理解
Item 对象

微课 6-8 如何使
用 Item

爬取的主要目标就是从非结构性的数据源提取结构性数据。Scrapy Spider 可以以 Python 的 dict 来返回提取的数据。虽然 dict 用起来很方便，并且为使用者所熟悉，但是其缺少结构性，容易输错字段的名字或者返回不一致的数据。

为了定义常用的输出数据，Scrapy 提供了 Item 类。Item 对象是种简单的容器，保存了爬取到的数据。其提供了类似于词典（dictionary-like）的 API 以及用于声明可用字段的简单语法。

Item 一般放在 items.py 文件中，它使用简单的 class 定义语法以及 Field 对象来声明。例如：

```
1.  import scrapy
2.  class MovieItem(scrapy.Item):
3.      name = scrapy.Field()
4.      score = scrapy.Field()
```

在网络爬虫中使用 Item：

```
1.  import scrapy
2.  #导入 Item
3.  from mySpider.items import MovieItem
4.
5.  class DoubanSpider(scrapy.Spider):
6.      name = 'douban'
```

```
7.          allowed_domains = ['movie. douban. com']
8.          start_urls = ['https://movie. douban. com/top250']
9.
10.         def parse(self, response):
11.             items = response. xpath("//div[@ class ='item']")
12.             for item in items:
13.                 movie_name = item. xpath(".//span[@ class ='title']/text()").
   extract()[0]
14.                 movie_score = item. xpath(".//span[@ class =' rating_num']/
   text()"). extract()[0]
15.                 #使用 Item
16.                 movieItem = MovieItem()
17.                 movieItem['name'] = movie_name
18.                 movieItem['score'] = movie_score
19.                 yield movieItem
20.
21.             #自动翻页
22.             next_url = response. xpath('//span[@ class =" next"]/a/@ href').
   extract()[0]
23.             if next_url:
24.                 print(next_url)
25.                 next_url = 'https://movie. douban. com/top250' + next_url
26.                 yield scrapy. Request(next_url, callback = self. parse)
```

运行网络爬虫后输出结果如图 6-10 所示：

```
2019-05-19 16:35:34 [scrapy. extensions. telnet] INFO: Telnet console listening on 127.0. 0. 1:6023
2019-05-19 16:35:34 [scrapy. core. engine] DEBUG: Crawled (200) <GET https://movie. douban. com/top250>
2019-05-19 16:35:34 [scrapy. core. scraper] DEBUG: Scraped from <200 https://movie. douban. com/top250>
{'name': '肖申克的救赎', 'score': '9.6'}
2019-05-19 16:35:34 [scrapy. core. scraper] DEBUG: Scraped from <200 https://movie. douban. com/top250>
{'name': '霸王别姬', 'score': '9.6'}
2019-05-19 16:35:34 [scrapy. core. scraper] DEBUG: Scraped from <200 https://movie. douban. com/top250>
{'name': '这个杀手不太冷', 'score': '9.4'}
2019-05-19 16:35:34 [scrapy. core. scraper] DEBUG: Scraped from <200 https://movie. douban. com/top250>
{'name': '阿甘正传', 'score': '9.4'}
2019-05-19 16:35:34 [scrapy. core. scraper] DEBUG: Scraped from <200 https://movie. douban. com/top250>
{'name': '美丽人生', 'score': '9.5'}
2019-05-19 16:35:34 [scrapy. core. scraper] DEBUG: Scraped from <200 https://movie. douban. com/top250>
{'name': '泰坦尼克号', 'score': '9.3'}
2019-05-19 16:35:34 [scrapy. core. scraper] DEBUG: Scraped from <200 https://movie. douban. com/top250>
{'name': '千与千寻', 'score': '9.3'}
2019-05-19 16:35:34 [scrapy. core. scraper] DEBUG: Scraped from <200 https://movie. douban. com/top250>
```

图 6-10

6. 4. 2 Item Pipeline 介绍

当 Item 在 Spider 中被收集之后，它将会被传递到 Item Pipeline，这些 Item Pipeline 组件按定义的顺序处理 Item。每个 Item Pipeline 都是实现了简单方法的 Python 类，比如决定此 Item 是丢弃还是存储。

微课 6-9 Pipeline
介绍

Item Pipeline 作用：

● 验证爬取的数据（检查 item 包含某些字段，如 name 字段）。

● 查重（并丢弃）。

● 将爬取结果保存到文件或者数据库中。

Item Pipeline 有 4 个核心方法：

① open_spider(spider)，参数为 spider，即被开启的 Spider 对象。该方法非必需，在 Spider 开启时被调用，主要做一些初始化操作，如连接数据库等。

② close_spider(spider)，参数为 spider，即被关闭的 Spider 对象。该方法非必需，在 Spider 关闭时被调用，主要做一些如关闭数据库连接等收尾性质的工作。

③ from_crawler(cls,crawler)，参数一：Class 类；参数二：crawler 对象。该方法非必需，在 Spider 启用时调用，早于 open_spider()方法，是一个类方法，用@classmethod 标识，它与__init__函数有关，这里不详细解释（一般不对它进行修改）。

④ process_item(item,spider)，参数一：被处理的 Item 对象；参数二：生成该 Item 的 Spider 对象。该方法必须实现，定义的 Item Pipeline 会默认调用该方法对 Item 进行处理，它返回 Item 类型的值或者抛出 DropItem 异常。

6.4.3 编写 Pipeline

微课 6-10 编写 Pipeline

Pipeline 一般定义到 pipelines.py 文件中，以下 Pipeline 将所有（从所有 'Spider'中）爬取到的 item，存储到一个独立的 movie.json 文件，每行包含一个序列化为"JSON"格式的"item"：

```
1.    import json
2.    class JsonPipeline(object):
3.        def open_spider(self,spider):
4.            self.file = open('movie.json', 'w')
5.        def process_item(self, item, spider):
6.            content = json.dumps(dict(item), ensure_ascii=False) + "\n"
7.            self.file.write(content)
8.            return item
9.        def close_spider(self, spider):
10.           self.file.close()
```

为了启用 Item Pipeline 组件，必须将它的类添加到 settings.py 文件的 ITEM_PIPELINES 配置中，代码如下：

```
1.    # Configure item pipelines
2.    # See http://scrapy.readthedocs.org/en/latest/topics/item-pipeline.html
3.    ITEM_PIPELINES = {
4.        "mySpider.pipelines.JsonPipeline":300
5.    }
```

分配给每个 Pipeline 类的整型值确定了它们运行的顺序，Item 按数字从低到高的顺序，通常将这些数字定义在 0~1000 范围内（0~1000 随意设置，数值越低，组件的优先级越高）。

运行网络爬虫后，在当前文件夹中会生成 movie.json 文件，部分内容如下：

6.　　{"name": "肖申克的救赎", "score": "9.6"}

7.　　{"name": "霸王别姬", "score": "9.6"}

8.　　{"name": "这个杀手不太冷", "score": "9.4"}

9.　　{"name": "阿甘正传", "score": "9.4"}

10.　{"name": "美丽人生", "score": "9.5"}

11.　{"name": "泰坦尼克号", "score": "9.3"}

12.　{"name": "千与千寻", "score": "9.3"}

13.　{"name": "辛德勒的名单", "score": "9.5"}

14.　{"name": "盗梦空间", "score": "9.3"}

15.　{"name": "忠犬八公的故事", "score": "9.3"}

16.　{"name": "机器人总动员", "score": "9.3"}

17.　{"name": "三傻大闹宝莱坞", "score": "9.2"}

18.　{"name": "海上钢琴师", "score": "9.2"}

19.　{"name": "放牛班的春天", "score": "9.3"}

20.　{"name": "楚门的世界", "score": "9.2"}

21.　{"name": "大话西游之大圣娶亲", "score": "9.2"}

22.　{"name": "星际穿越", "score": "9.2"}

23.　{"name": "龙猫", "score": "9.2"}

24.　{"name": "教父", "score": "9.3"}

25.　{"name": "熔炉", "score": "9.3"}

26.　{"name": "无间道", "score": "9.1"}

27.　{"name": "疯狂动物城", "score": "9.2"}

28.　{"name": "当幸福来敲门", "score": "9.0"}

29.　{"name": "怦然心动", "score": "9.0"}

30.　{"name": "触不可及", "score": "9.2"}

31.　{"name": "蝙蝠侠:黑暗骑士", "score": "9.1"}

32.　{"name": "乱世佳人", "score": "9.2"}

33.　{"name": "活着", "score": "9.2"}

34.　{"name": "控方证人", "score": "9.6"}

35.　{"name": "少年派的奇幻漂流", "score": "9.0"}

36.　{"name": "指环王 3:王者无敌", "score": "9.2"}

6.4.4　保存数据到 MySQL 数据库

在 MySQL 中新建数据库 scrapy，在数据库新建表 movie，表结构如图 6-11 所示：

| 栏位 | 索引 | 外键 | 触发器 | 选项 | 注释 | SQL 预览 |

名	类型	长度	小数点	不是 null	
id	int	11	0	☑	🔑1
name	varchar	128	0	☐	
score	float	0	0	☐	

图 6-11

在 pipelines.py 文件中新建 MySQLPipeline 类，代码如下：

```
1.    import pymysql
2.    class MySQLPipeline(object):
3.        def open_spider(self, spider):
4.            # 连接数据库
5.            self.connect = pymysql.connect(
6.                host = '127.0.0.1',          # 数据库地址
7.                port = 3306,                 # 数据库端口
8.                db = 'scrapy',               # 数据库名
9.                user = 'root',               # 数据库用户名
10.               passwd = '',                 # 数据库密码
11.               charset = 'utf8',            # 编码方式
12.               use_unicode = True)
13.           # 通过 cursor 执行增、删、查、改操作
14.           self.cursor = self.connect.cursor();
15.
16.       def process_item(self, item, spider):
17.           #插入数据
18.           sql = "insert into movie(id, name, score) values (null, %s, %s)"
19.           self.cursor.execute(sql, (item['name'], float(item['score'])))
20.
21.           # 提交 SQL 语句
22.           self.connect.commit()
23.           return item
24.
25.       def close_spider(self, spider):
26.           #关闭数据库连接
27.           self.cursor.close()
28.           self.connect.close()
```

在 settings.py 文件中修改 ITEM_PIPELINES 配置，代码如下：

```
37.   # Configure item pipelines
38.   # See http://scrapy.readthedocs.org/en/latest/topics/item-pipeline.html
39.   ITEM_PIPELINES = {
40.       "mySpider.pipelines.MySQLPipeline":300
41.   }
```

运行网络爬虫后，查看数据库表，如图 6-12 所示：

id	name	score
1	肖申克的救赎	9.6
2	霸王别姬	9.6
3	这个杀手不太冷	9.4
4	阿甘正传	9.4
5	美丽人生	9.5
6	泰坦尼克号	9.3
7	千与千寻	9.3
8	辛德勒的名单	9.5
9	盗梦空间	9.3
10	忠犬八公的故事	9.3
11	机器人总动员	9.3
12	三傻大闹宝莱坞	9.2
13	海上钢琴师	9.2
14	放牛班的春天	9.3
15	楚门的世界	9.2
16	大话西游之大圣娶亲	9.2
17	星际穿越	9.2
18	龙猫	9.2
19	教父	9.3
20	熔炉	9.3

图 6-12

6.5 中间件

Scrapy 框架中的中间件主要分两类：网络爬虫中间件和下载中间件。其中最重要的是下载中间件，反爬策略都是部署在下载中间件中的。

1. 网络爬虫中间件

网络爬虫中间件是介入到 Scrapy 的 Spider 处理机制的钩子框架，可以添加代码来处理发送给 Spiders 的 response 及 Spider 产生的 item 和 request。

① 当网络爬虫传递请求和 items 给引擎的过程中，网络爬虫中间件可以对其进行处理（过滤出 URL 长度不超过 URLLENGTH_LIMIT 的 request）。

② 当引擎传递响应给网络爬虫的过程中，网络爬虫中间件可以对响应进行过滤（如过滤出所有失败或错误的 HTTP response）。

2. 下载中间件

下载中间件是处于引擎（Engine）和下载器（Downloader）之间的一层组件，可以有多个下载中间件被加载运行。

① 在引擎传递请求给下载器的过程中，下载中间件可以对请求进行处理（如增加 http header 信息、增加 proxy 信息等）。

② 在下载器完成 HTTP 请求，传递响应给引擎的过程中，下载中间件可以对响应进行处理（如进行 gzip 的解压等）。

这里主要介绍下载中间件的使用。

6.5.1 下载中间件三大函数

1. process_request（request，spider）——主要函数

当每个 request 通过下载中间件时，该方法被调用。

需要传入的参数为：

- request（Request 对象）——处理的 request。
- spider（Spider 对象）——该 request 对应的 spider。

process_request()有下面几种返回值：

（1）如果其返回 None

Scrapy 将继续处理该 request，执行其他的中间件的相应方法，直到合适的下载器处理函数（download handler）被调用，该 request 被执行（其 response 被下载）。

（2）如果其返回 Response 对象

Scrapy 将不会调用任何其他的 process_request()或 process_exception()方法，或相应的下载函数。其将返回该 Response，已安装的中间件的 process_response()方法则会在每个 Response 返回时被调用。

（3）如果其返回 Request 对象

Scrapy 则会停止调用 process_request 方法并重新调度返回的 Request，也就是把 Request 重新返回，进入调度器重新入队列。

（4）如果其返回 raise IgnoreRequest 异常

则安装的下载中间件的 process_exception()方法会被调用。如果没有任何一个方法处理该异常，则 Request 的 errback（Request. errback）方法会被调用。如果没有代码处理抛出的异常，则该异常被忽略且不记录（不同于其他异常）。

2. process_response（request，response，spider）——主要函数

当下载器完成 HTTP 请求，传递 Response 给引擎的时候，该方法被调用。

需要传入的参数为：

- request（Request 对象）——response 所对应的 Request。
- response（Response 对象）——被处理的 Response。
- spider（Spider 对象）——response 所对应的 Spider。

process_response()有下面几种返回值：

（1）如果其返回一个 Response 对象

这个对象可以与传入的 response 相同，也可以是全新的对象，该 Response 会被在链中的其他中间件的 process_response()方法处理。

（2）如果其返回一个 Request 对象

则中间件停止，返回的 Request 会被重新调度下载。处理类似于 process_request()返回 Request 所做的那样。

（3）如果其抛出一个 IgnoreRequest 异常

则调用 Request 的 errback（Request. errback）。如果没有代码处理抛出的异常，则该异常被忽略且不记录（不同于其他异常）。

3. process_exception（request，exception，spider）

当下载处理器（download handler）或 process_request()（下载中间件）抛

出异常（包括 IgnoreRequest 异常）时，Scrapy 调用 process_exception（）函数处理，但不处理 process_response 返回的异常。

需要传入的参数为：

- request（Request 对象）——产生异常的 Request。
- exception（Exception 对象）——抛出的异常。
- spider（Spider 对象）——request 对应的 Spider。

process_exception（）应该返回以下之一：

（1）如果其返回 None

Scrapy 将会继续处理该异常，接着调用已安装的其他中间件的 process_exception（）方法，直到所有中间件都被调用完毕，则调用默认的异常处理。

（2）如果其返回一个 Response 对象

相当于异常被纠正了，则已安装的中间件链的 process_response（）方法被调用。Scrapy 将不会调用任何其他中间件的 process_exception（）方法。

（3）如果其返回一个 Request 对象

则返回的 Request 将会被重新调用下载。这将停止中间件的 process_exception（）方法执行，就如返回一个 Response 的那样。

6.5.2 激活 Spider 中间件

要启用 Spider 中间件，可以将其加入到 settings. py 中的 SPIDER_MIDDLE-WARES 设置中。该设置是一个字典，键为中间件的路径，值为中间件的顺序（order）。

样例：

```
1.   SPIDER_MIDDLEWARES = {
2.       'myproject. middlewares. CustomSpiderMiddleware': 543,
3.   }
```

SPIDER_MIDDLEWARES 设置会与 Scrapy 定义的 SPIDER_MIDDLEWARES_BASE 设置合并（但不是覆盖），而后根据顺序（order）进行排序，最后得到启用中间件的有序列表。第 1 个中间件是最靠近引擎的，最后 1 个中间件是最靠近 Spider 的。

关于如何分配中间件的顺序请查看 SPIDER_MIDDLEWARES_BASE 设置，而后根据想要放置中间件的位置选择一个值。由于每个中间件执行不同的动作，中间件可能会依赖于之前（或者之后）执行的中间件，因此顺序是很重要的。

如果想禁止内置的（在 SPIDER_MIDDLEWARES_BASE 中设置并默认启用的）中间件，必须在项目的 SPIDER_MIDDLEWARES 设置中定义该中间件，并将其值赋为 None。例如，如果想要关闭 off_site 中间件：

```
1.   SPIDER_MIDDLEWARES = {
2.       'myproject. middlewares. CustomSpiderMiddleware': 543,
3.       'scrapy. contrib. spidermiddleware. offsite. OffsiteMiddleware': None,
4.   }
```

6.5.3 开发代理中间件

在网络爬虫开发中，更换代理 IP 地址是非常常见的情况，有时候每一次访问都需要随机选择一个代理 IP 地址来进行。

中间件本身是一个 Python 的类，只要网络爬虫每次访问网站之前都先"经过"这个类，它就能给请求换新的代理 IP 地址，这样就能实现动态改变代理。

middlewares. py 这个文件里面可以放很多个中间件。现在来创建一个自动更换代理 IP 地址的中间件，在 middlewares. py 中添加下面一段代码：

```
1.    import random
2.    from scrapy. conf import settings
3.    class ProxyMiddleware(object):
4.
5.        def process_request(self, request, spider):
6.            proxy = random. choice(settings['PROXIES'])
7.            request. meta['proxy'] = proxy
```

要修改请求的代理，就需要在请求的 meta 里面添加一个键为 proxy，值为代理 IP 地址的项。

打开 settings. py，配置几个代理 IP 地址：

```
1.    PROXIES = ['http://59. 52. 186. 99:808',
2.               'http://211. 146. 16. 146:80',
3.               'https://183. 191. 90. 20:80']
```

中间件写好以后，需要去 settings. py 中启动。在 settings. py 中找到下面这一段被注释的语句：

```
1.    # Enable or disable downloader middlewares
2.    # See http://scrapy. readthedocs. org/en/latest/topics/downloader-middleware. html
3.    #DOWNLOADER_MIDDLEWARES = {
4.    #    'AdvanceSpider. middlewares. MyCustomDownloaderMiddleware': 543,
5.    #}
```

解除注释并修改，从而引用 ProxyMiddleware。修改为：

```
1.    DOWNLOADER_MIDDLEWARES = {
2.        'AdvanceSpider. middlewares. ProxyMiddleware': 543,
3.    }
```

配置好以后运行网络爬虫，网络爬虫会在每次请求前都随机设置一个代理。要测试代理中间件的运行效果，可以使用下面这个网址：

http://exercise. kingname. info/exercise_middleware_ip

这个页面会返回网络爬虫的 IP 地址，直接在网页上打开，如图 6-13所示。

图 6-13

修改网络爬虫 proxy.py 代码为：

```
1.    import scrapy
2.
3.    class ProxySpider(scrapy.Spider):
4.        name = 'proxy'
5.        allowed_domains = ['exercise.kingname.info']
6.        start_urls = ['http://exercise.kingname.info/exercise_middleware_ip']
7.
8.        def parse(self, response):
9.            print(response.text)
```

下面可以运行网络爬虫进行测试。

如图 6-14 所示，运行几次，显示的 IP 地址都是不一样的。

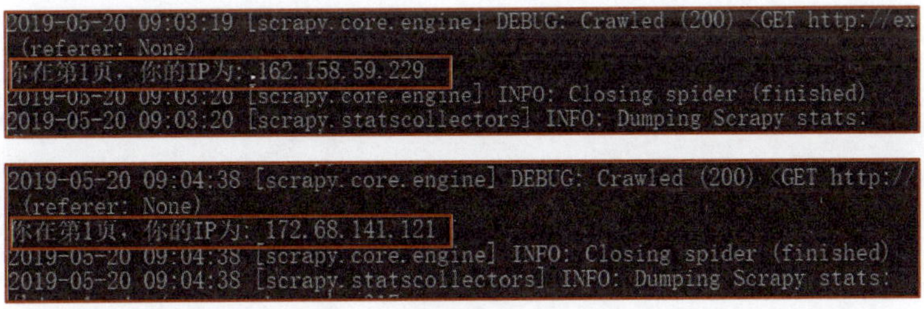

图 6-14

注意：由于这里使用的代理 IP 地址是免费的，存活期较短，读者验证时需要在网上自己找代理 IP 地址。

第 7 章

API 数据采集

知识目标：

1）了解网络 API 的设计原则
2）了解 JSON 数据格式的使用
3）掌握如何获取未知的 API

能力目标：

1）能够调用网络 API 来获取数据
2）能够找出没有文档的 API 的使用方法

7.1　什么是 API

API（Application Programming Interface，应用程序接口）是一些预先定义的函数，或指软件系统不同组成部分衔接的约定，用来提供应用程序与开发人员基于某软件或硬件得以访问的一组例程，而又无须访问源码或理解内部工作机制的细节。

在当今的互联网应用的前端展示媒介很丰富，有手机、平板电脑还有 PC 以及其他的展示媒介。那么这些前端接收到的用户请求统一由一个后台来处理并返回给不同的前端肯定是最科学和最经济的方式，本章介绍的 API 主要是指 Web API，就是使用一套协议来规范多种形式的前端和同一个后台的交互方式。

API 由后台也就是服务端来提供给前端来调用。前端调用 API 向后台发起 HTTP 请求，后台响应请求将处理结果反馈给前端。它是基于协议 HTTP 的。

网络爬虫可以通过向服务器发送请求，获取生成的网页最终内容，再从中通过正则或者 XPath 提取想要的数据。如果知道服务器都有哪些 API，也可以通过调用 API 接口直接得到数据，而且这种方法会更加方便快捷。

7.1.1　HTTP 方法及 API 简介

Web API 是基于 HTTP 的协议，用 HTTP 方法（get，post，put，delete）描述对资源的操作。

HTTP 1.1 协议中共定义了 8 种方法（有时也叫"动作"），来表明 Request-URL 指定的资源不同的操作方式。

HTTP 1.0 定义了 3 种请求方法：get、post 和 head 方法。

HTTP 1.1 新增了 5 种请求方法：options、put、delete、trace 和 connect 方法

1. options

options 返回服务器针对特定资源所支持的 HTTP 请求方法，也可以利用向 Web 服务器发送" * "的请求来测试服务器的功能性。

2. head

head 向服务器索取与 get 请求相一致的响应，只不过响应体将不会被返回。这一方法可以在不必传输整个响应内容的情况下，就可以获取包含在响应小消息头中的元信息。

3. get

get 向特定的资源发出请求。注意：get 方法不应当被用于产生"副作用"的操作中，如 Web Application 中，其中一个原因是 get 可能会被网络爬虫等随意访问。Loadrunner 中对应 get 请求函数为 web_link( ) 和 web_url( )。

4. post

post 向指定资源提交数据进行处理请求，如提交表单或者上传文件，数据被包含在请求体中。post 请求可能会导致新的资源的建立和/或已有资源的修改。Loadrunner 中对应 post 请求函数为 web_submit_data 和 web_submit_form。

5．put

put 向指定资源位置上传其最新内容。

6．delete

delete 请求服务器删除 Request_URL 所标识的资源。

7．trace

trace 回显服务器收到的请求，主要用于测试或诊断。

8．connect

connect 是 HTTP 1.1 协议中预留给能够将连接改为管道方式的代理服务器。

注意：

① 方法名称是区分大小写的，当某个请求所针对的资源不支持对应的请求方法的时候，服务器应当返回状态码 405（Method Not Allowed）；当服务器不认识或者不支持对应的请求方法时，应返回状态码 501（Not Implemented）。

② HTTP 服务器至少应该实现 get 和 head/post 方法，其他方法都是可选的。此外除上述方法，特定的 HTTP 服务器支持扩展自定义的方法。

Web API 都是要遵循 RESTful 风格的 API。REST（REpresentational State Transfer），英语的直译就是"表现层状态转移"。如果看这个概念，估计没几个人能明白是什么意思。如果解释一下什么是 RESTful，那就是 URL 定位资源，用 HTTP 方法（get，post，put，delete）描述操作。

首先是弄清楚资源的概念。资源就是网络上的一个实体，可能是一段文本、一张图片或者一首歌曲。资源总是要通过一种载体来记录它的内容，如文本可以用 TXT 格式，也可以用 HTML 或者 XML 格式，图片可以用 JPG 格式或者 PNG 格式。JSON 是现在最常用的资源表现形式。

RESTful 风格的数据元操 CRUD（create，read，update，delete）分别对应 HTTP 方法：get 用来获取资源，post 用来新建资源（也可以用于更新资源），put 用来更新资源，delete 用来删除资源，这样就统一了数据操作的接口。

可以用一个 URI（统一资源定位符）指向资源，即每个 URI 都对应一个特定的资源。要获取这个资源访问它的 URI 就可以，因此 URI 就成了每一个资源的地址或识别符。一般来说，每个资源至少有一个 URI 与之对应，最典型的 URI 就是 URL。

7.1.2　API 响应

调用 API 后的响应主要由两部分组成，一个是状态码，另一个是实际的数据。数据主要是两种格式：JSON 和 XML。由于 JSON 的轻巧方便，现在用得比较多。

1．状态码

- 200 OK -［get］：服务器成功返回用户请求的数据，该操作是幂等的（Idempotent）。
- 201 Created -［post/put/patch］：用户新建或修改数据成功。
- 202 Accepted -［*］：表示一个请求已经进入后台排队（异步任务）。
- 204 NO Content -［DELETE］：用户删除数据成功。

- 301：永久重定向。
- 302：暂时重定向。
- 400 Invalid Request –［post/put/patch］：用户发出的请求有错误，服务器没有进行新建或修改数据的操作，该操作是幂等的。
- 401 Unauthorized –［＊］：表示用户没有权限（令牌、用户名、密码错误）。
- 403 Forbidden –［＊］：表示用户得到授权（与 401 错误相对应），但是访问是被禁止的。
- 404 Not Found –［＊］：用户发出的请求针对的是不存在的记录，服务器没有进行操作，该操作是幂等的。
- 406 Not Acceptable –［GET］：用户请求的格式不可得（比如用户请求 JSON 格式，但是只有 XML 格式）。
- 410 Gone –［get］：用户请求的资源被永久删除，且不会再得到。
- 422 Unprocesable entity –［post/put/patch］：当创建一个对象时，发生一个验证错误。
- 500 Internal Server Error –［＊］：服务器发生错误，用户将无法判断发出的请求是否成功。

2. 错误处理

状态码是 4xx 时，应返回错误信息，error 当作 key。

```
{
    error: "Invalid API key"
}
```

3. 返回结果

针对不同操作，服务器向用户返回的结果应该符合以下规范。

- GET/collection：返回资源对象的列表（数组）。
- GET/collection/resource：返回单个资源对象。
- POST/collection：返回新生成的资源对象。
- PUT/collection/resource：返回完整的资源对象。
- PATCH/collection/resource：返回完整的资源对象。
- DELETE/collection/resource：返回一个空文档。

下面是一个完整的 JSON 格式的 API 响应示例：

```
{
    "status" : 0,
    "msg" : "ok",
    "results" :[
        {
            "name":"肯德基(罗餐厅)",
            "location" : {
                "lat" :31. 415354,
                "lng" :121. 357339
            },
```

```
            "address":"月罗路 2380 号",
            "province":"上海市",
            "city":"上海市",
            "area":"宝山区",
            "street_id":"339ed41ae1d6dc320a5cb37c",
            "telephone":"（021）56761006",
            "detail":1,
            "uid":"339ed41ae1d6dc320a5cb37c"
        }
        …
    ]
}
```

7.2 无文档 API

很多网站提供的 API 都有完善的文档可以查询其使用方法，文档中主要包括 API 的 URL 超链接、功能说明、参数说明、返回结果示例等。

例如微博 API 文档如图 7-1 所示。

图 7-1

对于这样的网站，开发者根据文档可以很方便地对 API 进行测试。

但也有很多网站它们的 API 可能只限于内部使用，并不公开提供关于 API 接口的说明文档。对于这样的网站，应该怎么办呢？

7.2.1 查找无文档 API

对于无文档的 API，只能通过一些工具进行手工测试，以确定这些 API 的参数个数、每个参数的含义和 API 响应后返回的数据格式。这样的工具有很多，如 PostMan、ApiPost、JMeter 等，下面介绍 PostMan 的使用。

PostMan 是接口调试工具，发送几乎所有类型的 HTTP 请求，有两种应用形式，PC 端和 Chrome 插件。以 Chrome 插件形式可以通过 Chrome 的应用商店进行搜索并安装，不过官方已经在 2017 年宣布不再维护 Chrome 版本，推荐安装 PC 端。

PostMan 适用于不同的操作系统，Mac OS、Windows x32、Windows x64、Linux 系统，还支持 PostMan 浏览器扩展程序、PostMan Chrome 应用程序等。

官网下载地址：https://www.getpostman.com/apps

PostMan 主界面如图 7-2 所示：

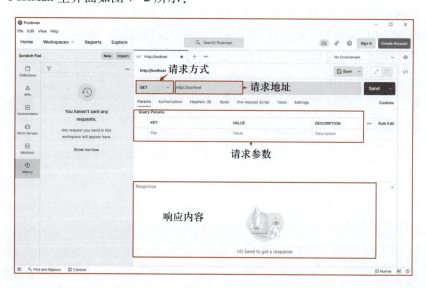

图 7-2

1. PostMan 主界面介绍

① Authorization：身份验证，主要用来填写用户名密码，以及一些验签字段。PostMan 有一个 helpers 可以帮助用户简化一些重复和复杂的任务。当前的一套 helpers 可以帮助解决一些 authentication protocols 的问题。

② Headers：请求的头部信息。

③ Body：post 请求时必须要带的参数，里面放一些 key-value 键/值对。

④ Pre-request Script：可以让读者在请求之前自定义请求数据，这个运行在请求之前，语法使用 JavaScript 语句。

⑤ Tests：Tests 标签功能比较强大，通常用来写测试，它是运行在请求之后。支持 JavaScript 语法。PostMan 每次执行 request 的时候，会执行 Tests。测

试结果会在 Tests 的标签页上面显示一个通过的数量以及对错情况。它也可以用来设计用例，比如要测试返回结果是否含有某一字符串。

2. 接口测试流程

① 获取接口信息：可以通过接口文档或者浏览器抓包获取接口基本调用方式和返回。

② 接口测试用例设计：根据获取到的接口信息，按照接口测试用例设计方法，设计参数和预期返回结果。

③ 接口发包：使用工具或者编程向接口传递参数。

④ 返回信息验证：获取接口返回的结果，进行解析和验证。

HTTPBin 是一个使用 Python + Flask 编写的一款工具，主要用于测试 HTTP 库。

使用者可以向它发送请求，然后它会按照指定的规则将请求返回。类似于 echo 服务器，但是功能又比它要更强大一些。HTTPBin 支持 HTTP/HTTPS，支持所有的 HTTP 动词，能模拟 302 跳转，乃至 302 跳转的次数，还可以返回一个 HTML 文件、一个 XML 文件或一个图片文件（还支持指定返回图片的格式）。

HTTPBin.org 部署在国外，考虑到连接不畅的情况，也可以自己搭建部署。搭建过程非常简单，就像本地安装 Git 一样：

```
git clone https://github.com/Runscope/httpbin.git
pip install -e httpbin
python -m httpbin.core [--port=PORT] [--host=HOST]
```

简单的 post 请求如图 7-3 所示。

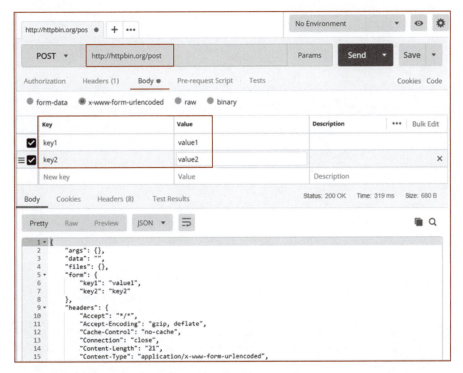

图 7-3

7.2.2　自动查找和记录 API

DIRB 是一个专门用于自动查找和记录网站 API 的工具，类似工具还有国外的 Patator、Dirsearch、DirBuster，国内的御剑等。

DIRB 是一个基于字典的网站 API 扫描工具，它会用递归的方式来获取更多的网站 API，还支持代理和 HTTP 认证限制访问的网站。

格式：dirb <url_base> [<wordlist_file(s)>] [options]

相关参数如下：

-a：设置 user-agent。

-p：<proxy[:port]>设置代理。

-c：设置 cookie。

-z：添加毫秒延迟，避免洪水攻击。

-o：输出结果。

-X：在每个字典的后面添加一个后缀。

-H：添加请求头。

-i：不区分大小写搜索。

如使用 big. txt 字典来扫描 http://192. 168. 1. 116 网站的 API 接口：

dirb http://192. 168. 1. 116 big. txt

第**8**章

图像识别与文字处理

知识目标：

1） 了解图像识别的步骤和原理
2） 了解 Tesseract-OCR 库的基本使用
3） 了解 Tessact-OCR 库特殊字体的训练过程

能力目标：

1） 能够使用 Tessact-OCR 库识别图片中的文本
2） 能够使用 Tessact-OCR 库破解常见的图片验证码

光学字符识别（Optical Character Recognition，OCR）是指对文本资料的图像文件进行分析识别和处理，获取文字及版面信息的过程。亦即将图像中的文字进行识别，并以文本的形式返回。

用网络爬虫从网站爬取的数据中有大量的图片，这些图片中可能有大量内容是文字性的内容，需要使用 OCR 技术进行识别和处理。

用验证码是现在很多网站通行的方式，网站内容只有登录后才能获取，但登录时需要实时输入验证码，加大了网络爬虫的难度。验证码如果依靠人工识别输入会比较麻烦，因此可以使用 OCR 技术进行验证码的自动识别。

8.1 OCR 图像识别库

使用 Python 开发 OCR 图像识别库，需要按照图 8-1 的流程进行处理。

图 8-1

在传统 OCR 技术中，图像预处理通常是针对图像的成像问题进行修正。常见的预处理过程包括：几何变换（透视、扭曲、旋转等）、畸变校正、去除模糊、图像增强和光线校正等。

文字检测即检测文本的所在位置和范围及其布局，通常也包括版面分析和文字行检测等。文字检测主要解决的问题是哪里有文字，文字的范围有多大。

文本识别是在文字检测的基础上，对文本内容进行识别，将图像中的文本信息转化为文字信息。文本识别主要解决的问题是每个文字是什么。识别出的文本通常需要再次核对以保证其正确性。文本校正也被认为属于这一环节。

8.1.1 Pillow

PIL（Python Imaging Library）已经是 Python 平台事实上的图像处理标准库了。PIL 功能非常强大，但 API 却非常简单易用。由于 PIL 仅支持到 Python 2.7，加上疏于维护，于是一群志愿者在 PIL 的基础上创建了兼容的版本，名字叫 Pillow，支持最新版 Python 3.x，又加入了许多新特性，因此，可以直接安装并使用 Pillow。

在命令行下通过 pip 安装：

```
pip install pillow
```

1. 读取图片

Pillow 中最重要的类就是 Image，该类存在于同名的模块中。可以通过以下几种方式实例化：从文件中读取图片，处理其他图片得到，或者直接创建一个图片。

使用 Image 模块中的 open( )函数打开一张图片：

```
1.    from PIL import Image
2.
3.    im = Image. open('1. gif')
4.    print( im)
5.    print( im. format, im. size, im. mode)
```

如果打开成功，返回一个 Image 对象，可以通过对象属性检查文件内容。

```
1.    <PIL. GifImagePlugin. GifImageFile image mode=P size=170x288 at 0x567748>
2.    GIF (170, 288) P
```

- format 属性定义了图像的格式，如果图像不是从文件打开的，那么该属性值为 None。
- size 属性是一个 tuple，表示图像的宽和高（单位为像素）。
- mode 属性表示图像的模式。mode 属性见表 8-1。

表 8-1　图像 mode 属性

mode 属性	意　义
1	1 位像素，黑和白，保存成 8 位的像素
L	8 位像素，黑白
P	8 位像素，使用调色板映射到任何其他模式
RGB	3×8 位像素，真彩色
RGBA	4×8 位像素，真彩色+透明通道
CMYK	4×8 位像素，颜色隔离
YCbCr	3×8 位像素，彩色视频格式
I	32 位整型像素
F	32 位浮点型像素

当有一个 Image 对象时，可以用 Image 类的各个方法进行处理和操作图像，例如显示图片。

```
im. show( )
```

2. 读写图片

Pillow 库支持相当多的图片格式。直接使用 Image 模块中的 open( )函数读取图片，而不必先处理图片的格式，Pillow 库自动根据文件决定格式。

Image 模块中的 save( )函数可以保存图片，除非指定文件格式，那么文件名中的扩展名用来指定文件格式。

```
1.    im = Image. open('1. gif')
2.    im. save('f. BMP')
```

通常，save 用以保存一个临时的 Image 对象到硬盘。而转换工作由一个功能更为强大的 convert( ) 方法来完成。

8.1.2 OpenCV

OpenCV 是一个基于 BSD 许可（开源）发行的跨平台计算机视觉和机器学习软件库，可以运行在 Linux、Windows、Android 和 Mac OS 操作系统上。它轻量级而且高效，由一系列 C 函数和少量 C++ 类构成，同时提供了 Python、Ruby、MATLAB 等语言的接口，实现了图像处理和计算机视觉方面的很多通用算法。

要安装 OpenCV，进入 cmd 命令行，直接输入命令 pip install opencv-python 然后按回车键即可。打开或创建任意的一个扩展名为 py 的文件，或者直接在 cmd 中进入 Python，然后输入 import cv2，没有报错就说明已经安装成功了。

使用下面代码可以测试 OpenCV 的功能：

```
1.  import cv2 as cv
2.  import os
3.
4.  file_path = os. path. abspath( os. path. join( os. getcwd( ) , "./", "data" ) )
5.  file_name = "first_picture. png"
6.  path = os. path. join( file_path, file_name )
7.
8.  #加载灰色图片
9.  img = cv. imread( path, 0)
10.
11. #创建一个窗口,非必要
12. cv. namedWindow( 'image', cv. WINDOW_NORMAL)
13.
14. #显示图片
15. cv. imshow( "image" , img)
16.
17. #保存图片
18. cv. imwrite( "image1. jpg", img)
19.
20. #延时,设置为 0,无限期延时,等待键盘反应
21. cv. waitKey( 0)
22.
23. #关闭窗口
24. cv. destroyAllWindows( )
```

8.1.3 Tesseract

Tesseract 是一个开源的 OCR 引擎，目前支持 100 多种语言的识别，对机器打印的比较规整的英语，或者阿拉伯数字的识别准确率较高，但是对手写的任何文字，识别效果一般。

Tesseract 的安装过程如下。

Tesseract 的 GitHub 地址：https：//github. com/tesseract-ocr/tesseract

Tesseract 本身没有 Windows 的安装包，不过它指定了一个第三方封装的 Windows 安装包，读者可直接到下面的地址进行下载：https://digi. bib. uni-mannheim. de/tesseract/。

下载后就成为一个 exe 安装包，直接双击即可安装。安装完成之后，配置一下环境变量，编辑系统变量中的 path，添加下面的安装路径：

```
C:\Program Files (x86)\Tesseract-OCR
```

安装 Python 的封装接口：

```
pip install pytesseract
```

注意第 1 步必须安装成功，同时配置好环境变量，否则第 2 步一定会报错，因为第 2 步是接口，运行时候会调用第 1 步的原 C++ 写的类库。

编写 Python 代码进行测试：

```
1.   from   PIL import   Image
2.   import pytesseract
3.
4.   img_path='orgin. jpg'
5.   text=pytesseract. image_to_string(Image. open(img_path))
6.   print(text)
```

8.1.4 NumPy

NumPy（Numerical Python）是 Python 语言的一个扩展程序库，支持大量的维度数组与矩阵运算，此外也针对数组运算提供大量的数学函数库。

NumPy 的前身是 Numeric。2005 年，Numeric 结合了另一个相同性质的程序库 Numarray 的特点，并加入了其他扩展而演进成了 NumPy。NumPy 的源代码开放，并且由许多协作者共同维护开发。

NumPy 是一个运行速度非常快的数学库，主要用于数组计算，包含以下功能。

- 一个强大的 N 维数组对象 ndarray。
- 广播功能函数。
- 整合 C、C++、Fortran 代码的工具。
- 线性代数、傅里叶变换、随机数生成等功能。

安装 NumPy 最简单的方法就是使用 pip 工具：

```
pip install numpy
```

测试是否安装成功：

```
1.   >>> from numpy import *
2.   >>> eye(4)
```

```
3.    array([[1. , 0. , 0. , 0. ],
4.           [0. , 1. , 0. , 0. ],
5.           [0. , 0. , 1. , 0. ],
6.           [0. , 0. , 0. , 1. ]])
```

from numpy import * 为导入 NumPy 库，eye（4）为生成对角矩阵。

8.2 处理格式规范的文字

8.2.1 自动调整图像

文本识别高质量的输出取决于多种因素，很大程度上取决于输入图像的质量，这就是每个 OCR 引擎都提供有关输入图像质量及其大小的准则的原因，这些准则可帮助 OCR 引擎产生准确的结果。

通过图像预处理功能可以提高输入图像的质量，以便 OCR 引擎提供准确的输出。使用以下图像处理操作可以改善输入图像的质量。

1. 调整图像缩放比例

图像缩放比例对于图像分析很重要。通常，OCR 引擎会准确输出 300 DPI（Dots Per Inch，每英寸点数）的图像。DPI 描述了图像的分辨率，换句话说，它表示每英寸的打印点数。

```
1.    def set_image_dpi(file_path):
2.        im = Image.open(file_path)
3.        length_x, width_y = im.size
4.        factor = min(1, float(1024.0 / length_x))
5.        size = int(factor * length_x), int(factor * width_y)
6.        im_resized = im.resize(size, Image.ANTIALIAS)
7.        temp_file = tempfile.NamedTemporaryFile(delete=False,    suffix='.png')
8.        temp_filename = temp_file.name
9.        im_resized.save(temp_filename, dpi=(300, 300))
10.           return temp_filenam
```

2. 偏斜矫正

歪斜图像定义为不直的文档图像。歪斜的图像会直接影响 OCR 引擎的行分割，从而降低其准确性。需要执行以下步骤来更正文本倾斜问题。

（1）检测图像中歪斜的文本块

```
1.    gray = cv2.cvtColor(image, cv2.COLOR_BGR2GRAY)
2.    gray = cv2.GaussianBlur(gray, (5, 5), 0)
3.    edged = cv2.Canny(gray, 10, 50)
4.    cnts = cv2.findContours(edged.copy(), cv2.RETR_LIST, cv2.CHAIN_APPROX_
      SIMPLE)
```

```
5.    cnts = cnts[0] if imutils. is_cv2( ) else cnts[1]
6.    cnts = sorted(cnts, key=cv2. contourArea, reverse=True)[:5]
7.    screenCnt = None
8.    for c in cnts：
9.        peri = cv2. arcLength(c, True)
10.       approx = cv2. approxPolyDP(c, 0. 02 * peri, True)
11.       if len(approx) = = 4：
12.           screenCnt = approx
13.           break
14.   cv2. drawContours(image, [screenCnt], -1, (0, 255, 0), 2)
```

（2）旋转图像以校正歪斜

```
1.    pts = np. array(screenCnt. reshape(4, 2) * ratio)
2.    warped = four_point_transform(orig, pts)
3.    def order_points(pts)：
4.        # initialzie a list of coordinates that will be ordered
5.        # such that the first entry in the list is the top-left,
6.        # the second entry is the top-right, the third is the
7.        # bottom-right, and the fourth is the bottom-left
8.        rect = np. zeros((4, 2), dtype="float32")
9.
10.       # the top-left point will have the smallest sum, whereas
11.       # the bottom-right point will have the largest sum
12.       s = pts. sum(axis=1)
13.       rect[0] = pts[np. argmin(s)]
14.       rect[2] = pts[np. argmax(s)]
15.
16.       # now, compute the difference between the points, the
17.       # top-right point will have the smallest difference,
18.       # whereas the bottom-left will have the largest difference
19.       diff = np. diff(pts, axis=1)
20.       rect[1] = pts[np. argmin(diff)]
21.       rect[3] = pts[np. argmax(diff)]
22.
23.       # return the ordered coordinates
24.       return rect
25.
26.   def four_point_transform(image, pts)：
27.       # obtain a consistent order of the points and unpack them
28.       # individually
29.       rect = order_points(pts)
30.       (tl, tr, br, bl) = rect
31.
```

```
32.     # compute the width of the new image, which will be the
33.     # maximum distance between bottom-right and bottom-left
34.     # x-coordinates or the top-right and top-left x-coordinates
35.     widthA = np.sqrt((((br[0] - bl[0]) ** 2) + ((br[1] - bl[1]) ** 2))
36.     widthB = np.sqrt((((tr[0] - tl[0]) ** 2) + ((tr[1] - tl[1]) ** 2))
37.     maxWidth = max(int(widthA), int(widthB))
38.
39.     # compute the height of the new image, which will be the
40.     # maximum distance between the top-right and bottom-right
41.     # y-coordinates or the top-left and bottom-left y-coordinates
42.     heightA = np.sqrt((((tr[0] - br[0]) ** 2) + ((tr[1] - br[1]) ** 2))
43.     heightB = np.sqrt((((tl[0] - bl[0]) ** 2) + ((tl[1] - bl[1]) ** 2))
44.     maxHeight = max(int(heightA), int(heightB))
45.
46.     # now that we have the dimensions of the new image, construct
47.     # the set of destination points to obtain a "birds eye view",
48.     # (i.e. top-down view) of the image, again specifying points
49.     # in the top-left, top-right, bottom-right, and bottom-left
50.     # order
51.     dst = np.array([
52.         [0, 0],
53.         [maxWidth - 1, 0],
54.         [maxWidth - 1, maxHeight - 1],
55.         [0, maxHeight - 1]], dtype="float32")
56.
57.     # compute the perspective transform matrix and then apply it
58.     M = cv2.getPerspectiveTransform(rect, dst)
59.     warped = cv2.warpPerspective(image, M, (maxWidth, maxHeight))
60.         return warped
```

3. 二值化

通常，OCR 引擎会在内部对图像进行二值化处理，因为这样处理黑白图像更快捷。最简单的方法是计算阈值，然后将所有像素转换为白色，且其值高于阈值；其余像素转换为黑色。

```
1.  import cv2
2.  import numpy as np
3.
4.  # 全局阈值
5.  def threshold_demo(image):
6.      gray = cv2.cvtColor(image, cv2.COLOR_BGR2GRAY)
7.      ret, binary = cv2.threshold(gray, 127, 255, cv2.THRESH_BINARY)
8.      print("阈值:", ret)
9.      cv2.imshow("binary", binary)
```

```
10.
11.    # 局部阈值
12.    def local_threshold( image):
13.        gray = cv2. cvtColor( image,cv2. COLOR_BGRA2GRAY)
14.        # binary = cv2. adaptiveThreshold( gray, 255, cv2. ADAPTIVE_THRESH_MEAN_
       C,cv2. THRESH_BINARY,25,10)
15.        binary = cv2. adaptiveThreshold ( gray, 255, cv2. ADAPTIVE _ THRESH _
       GAUSSIAN_C, cv2. THRESH_BINARY, 25, 10)
16.        cv2. imshow("binary", binary)
```

4. 除噪或降噪

噪声是图像像素之间颜色或亮度的随机变化。噪声会降低图像中文本的可读性。噪声有两种主要类型：椒盐噪声（脉冲噪点）和高斯噪声。可通过以下代码除噪或降噪。

```
1.    def remove_noise_and_smooth( file_name):
2.        img = cv2. imread( file_name, 0)
3.        filtered = cv2. adaptiveThreshold( img. astype( np. uint8), 255, cv2. ADAPTIVE_
       THRESH_MEAN_C, cv2. THRESH_BINARY, 9, 41)
4.        kernel = np. ones( (1, 1), np. uint8)
5.        opening = cv2. morphologyEx( filtered, cv2. MORPH_OPEN, kernel)
6.        closing = cv2. morphologyEx( opening, cv2. MORPH_CLOSE, kernel)
7.        img = image_smoothening( img)
8.        or_image = cv2. bitwise_or( img, closing)
9.        return or_image
```

8.2.2 从网站图片中采集文字

当通过网络爬虫从网站爬取了大量含有文字内容的图片后，可以使用前面的代码先对图片进行一些校正处理，然后使用 Tesseract-OCR 编写如下的代码就可以采集这些图片中的内容了：

```
1.    from   PIL import   Image
2.    import pytesseract
3.    import glob
4.    import os
5.
6.    path ="你存放图片的目录"
7.    #转到存放图片的目录
8.    os. chdir( path)
9.    #遍历目录中的所有图片
10.   for f in glob. glob( r'* . jpg'):
11.   #打开图片
12.   im = Image. open( f,"r")
```

```
13.    #识别图片中的文字内容
14.    text=pytesseract. image_to_string(im)
15.    #显示识别后的结果
16.    print(text)
```

8.3 读取验证码与训练

用验证码是现在很多网站通行的做法。验证码（Completely Automated Public Turing test to tell Computers and Humans Apart，CAPTCHA）是"全自动区分计算机和人类的图灵测试"的缩写，是一种区分用户是计算机还是人的公共全自动程序。一种常用的 CAPTCHA 测试是让用户输入一个扭曲变形的图片上所显示的文字或数字，扭曲变形是为了避免被光学字符识别之类的计算机程序自动辨识出图片上的文字和数字而失去测试效果。

由于这个测试是由计算机来考人类，而不是像标准图灵测试中那样由人类来考计算机，人们有时称 CAPTCHA 是一种反向图灵测试。可以用来防止恶意破解密码、刷票、论坛灌水等，还可以有效防止某个黑客对某一个特定注册用户用特定程序暴力破解方式进行不断地登录尝试。

随着最近几年大数据的发展，广大网络爬虫工程师在对抗验证码时也要使用 OCR。Tesseract-OCR 对常见印刷字体的识别率非常高，但对一些特殊字体或者手写文字的识别率偏低。为了提高 Tesseract-OCR 的识别率，使用者需要训练自己的数据集。

Tesseract-OCR 训练的步骤如下：

① 安装 jTessBoxEditor。

② 获取样本文件。

③ 合成（Merge）样本文件。

④ 生成 BOX 文件。

⑤ 定义字符配置文件。

⑥ 字符矫正。

⑦ 执行批处理文件。

⑧ 将生成的 traineddata 放入 tessdata 中。

下面按照上述的步骤来进行训练。

1. 安装 jTessBoxEditor

下载 jTessBoxEditor 地址：https://sourceforge. net/projects/vietocr/files/jT-essBoxEditor/。

解压后得到 jTessBoxEditor。

jTessBoxEditor 是由 Java 开发的，所以应该确保在运行 jTessBoxEditor 前先安装 JRE（Java Runtime Environment，Java 运行时环境）。没有安装 JRE 的可以到官网下载安装。

2. 获取样本文件

可以用画图工具绘制样本文件，数量越多越好，比如以画 5 张图作为训练的数据为例，如图 8-2 所示。

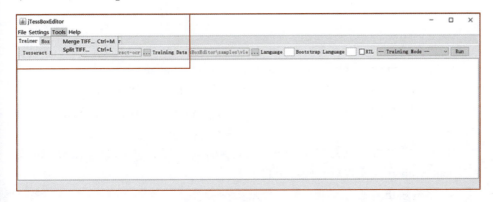

图 8-2

注意：样本图像文件格式必须为 TIF/TIFF 格式，否则在合成（Merge）样本文件的过程中会出现 Couldn't Seek 的错误。

3. 合成（Merge）样本文件

如图 8-3 所示，在安装目录找到一个 train. bat 打开 jTessBoxEditor，选择菜单 Tools 中的 Merge TIFF 命令：

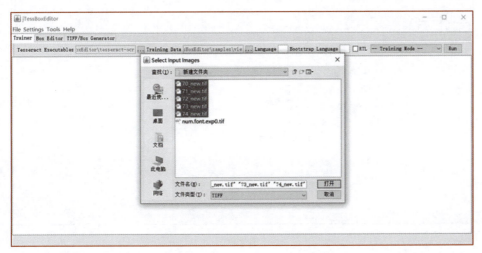

图 8-3

然后在选择图片文件窗口中按住 Ctrl 键将样本文件全部选中，如图 8-4 所示。

注意：选中文件后，单击"打开"按钮，呈现的就是输入合成后的文件名界面，输入 num. font. exp0. tif，单击"保存"按钮，也就是将合并文件保存为 num. font. exp0. tif。

4. 生成 BOX 文件

打开 cmd 命令行界面，并切换至 num. font. exp0. tif 所在目录，输入下面命令，生成文件名为 num. font. exp0. box 的文件：

```
tesseract num. font. exp0. tif num. font. exp0 batch. nochop makebox
```

语法：tesseract [lang]. [fontname]. exp [num]. tif [lang]. [fontname]. exp [num] batch. nochop makebox

其中，lang 为语言名称，fontname 为字体名称，num 为序号。在 Tesseract-OCR 中，一定要注意格式。

5. 定义字符配置文件

在文件夹内新建一个文本文件，文件名为 font_properties，删掉 . txt 的文件扩展名，用记事本打开，写入内容为：

```
font 0 0 0 0 0
```

语法：<fontname><italic><bold><fixed><serif><fraktur>

其中，fontname 为字体名称，italic 为斜体，bold 为**黑体字**，fixed 为默认字体，serif 为衬线字体，fraktur 为德文黑字体，1 和 0 代表有和无，精细区分时可使用。

将 5 个 tif 文件合成的文件 num. font. exp0. tif、生成的 num. font. exp0. box 文件及 font_properties 文件放在同一个目录下。

6. 字符矫正

打开 jTessBoxEditor，选择菜单"BOX Editor"中的"Open"命令，打开 num. font. exp0. tif，矫正"Char"上的字符，如图 8-5 所示。

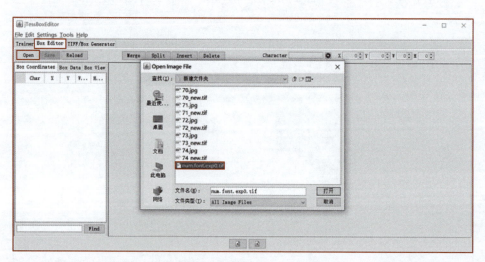

图 8-5

字符矫正的界面如图 8-6 所示。

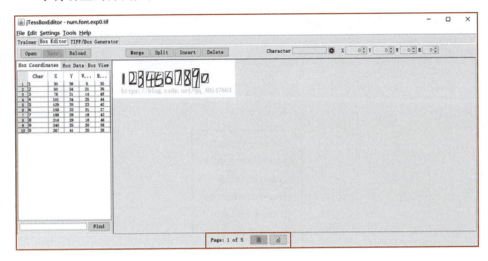

图 8-6

注意：可能有好多页，修改后记得保存。

当然有可能生成 BOX 文件后，会多一个盒子，比如把 7 识别成了两个字符。

处理方式：根据看到的数字修改 char，如果不是完整字符就输入空格，然后按 Enter 键保存，替换原来的 BOX 文件。

7. 执行批处理文件

注意，执行该批处理文件前，先要目录下创建 font_properties 文件，也就是前面第 5 步的操作不能少。

在目标目录下，新建一个 TXT 文件，复制并粘贴如下的代码，保存并重命名为 do. bat。

```
1.    echo Run Tesseract for Training. .
2.    tesseract. exe num. font. exp0. tif num. font. exp0 nobatch box. train
3.
4.    echo Compute the Character Set. .
5.    unicharset_extractor. exe num. font. exp0. box
6.    mftraining −F font_properties −U unicharset −O num. unicharset num. font. exp0. tr
7.
8.    echo Clustering. .
9.    cntraining. exe num. font. exp0. tr
10.
11.   echo Rename Files. .
12.   rename normproto num. normproto
13.   rename inttemp num. inttemp
14.   rename pffmtable num. pffmtable
15.   rename shapetable num. shapetable
16.
```

```
17.    echo Create Tessdata. .
18.    combine_tessdata. exe num.
19.
20.    echo. & pause
```

保存后，双击执行即可，执行后会在文件夹中生成很多文件，如图 8-7 所示。

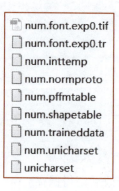

图 8-7

8. 将生成的 traineddata 放入 tessdata 中

最后将 num. traineddata 复制到 Tesseract-OCR 安装目录下的 tessdata 文件夹下。

至此，大功告成，测试结束。

在使用 Tesseract 命令时，要注意：语言参数要设置成 num，就是使用最后复制的文件，如未复制 num. traineddata 文件就不能使用。

命令格式：tesseract 要识别的文件名识别后保存的文件名-l 语言参数

例：

```
tesseract num1. jpg num01 -l num
```

8.4   获取验证码并提交答案

首先需要分析网页代码，找到生成验证码的超链接地址。然后使用训练好的下面的 Tesseract-OCR 的数据集，编写如下的代码就可以自动识别验证码并提交答案：

```
1.    import requests
2.    from   PIL import   Image
3.    import pytesseract
4.
5.        # 构建 session
6.        sess = requests. Session( )
7.        # 建立请求头
```

```
8.        headers = { "User-Agent" : " Mozilla/5. 0 ( Windows NT 10. 0; Win64; x64)
   AppleWebKit/537. 36 (KHTML, like Gecko) Chrome/62. 0. 3202. 75 Safari/537. 36",
9.                "Connection" : "keep-alive" }
10.       # 这个 URL 是验证码的超链接地址
11.       url = "验证码的链接地址,自己替换"
12.       # 获取响应图片内容
13.       image = sess. get( url, headers = headers). content
14. # 保存到本地
15. Filename = "image. jpg"
16.       with open( filename, "wb") as f:
17.            f. write( image)
18.
19.       #打开保存后的图片进行识别
20. img_path = 'orgin. jpg'
21. text = pytesseract. image_to_string( Image. open( img_path))
22. #显示识别后的结果
23. print( text)
```

第9章
远程数据采集

知识目标：

1) 了解为什么要使用远程服务器
2) 了解远程服务器的不同类型的区别

能力目标：

1) 能够使用远程服务器防止 IP 地址被封杀
2) 能够使用远程服务器部署分布式网络爬虫

远程数据采集是指将网络爬虫程序部署到远程的服务器上，然后通过远程服务器去爬取数据。这样做有两个优点：一是可以避免 IP 地址被封杀，二是具有更好的扩展性和移植性。

9.1 为什么要用远程服务器

9.1.1 避免 IP 地址被封杀

在使用网络爬虫爬取网站的数据时，如果爬取频次过快，或者因为一些别的原因，被对方网站识别出网络爬虫后，自己的 IP 地址就面临着被封杀的风险。一旦 IP 被封杀，那么网络爬虫就再也爬取不到数据了。

检查 IP 的访问情况是网站的反爬机制最喜欢用的方式。对于网络爬虫编写者来说，这种时候可以考虑使用代理更换不同的 IP 地址，通过代理服务器去获得网页内容，然后再转发回来。代理按透明度可以分为透明代理、匿名代理和高度匿名代理。

对于代理的获取方式，可以购买付费的代理，当然也可以自己去爬取免费的代理，但是免费的代理通常不够稳定。使用代理还有一个更大的问题就是速度慢，因为它的数据需要通过代理服务器的转发。

如果自己拥有很多有公网 IP 地址的主机，就可以将网络爬虫部署到这些服务器上。如果其中一台服务器的 IP 地址被封了，其他的服务器还可以使用。但这样一来需要购买很多台服务器，还需要建立机房去维护这些服务器，人力、物力投入很大。因此现在通常的做法都是从 IDC 服务商那里租用远程的服务器，比自己购买服务器要经济很多。

IDC（Internet Data Center）即互联网数据中心，是指一种拥有完善的设备（包括高速互联网接入带宽、高性能局域网络、安全可靠的机房环境等）、专业化的管理、完善的应用的服务平台。在这个平台基础上，IDC 服务商为客户提供互联网基础平台服务（服务器托管、虚拟主机、邮件缓存、虚拟邮件等）以及各种增值服务（场地的租用服务、域名系统服务、负载均衡系统、数据库系统、数据备份服务等）。

9.1.2 移植性与扩展性

使用远程服务器的另外一个好处是具有良好的移植性和扩展性。

首先说扩展性，如果使用自己的计算机运行网络爬虫程序，CPU 计算能力、内存容量、网络带宽都是一定的，很难扩展。而且使用者可能还需要在计算机去运行其他的程序，这些程序和网络爬虫程序也会争抢资源。但将网络爬虫运行在远程服务器上，远程服务器的 CPU 计算能力、内存容量、网络带宽都是可以定制的，尤其是现在的云服务器，这些资源的配置能力更灵活。因此使用远程服务器去部署网络爬虫扩展性是非常强的。

随着 Docker 等容器技术的飞速发展，在服务器部署服务的移植性也非常强。创建好一个 Docker 镜像后，把网络爬虫运行的环境配置好，然后在远程服务器安装好 Docker 的运行环境后，直接下载这个 Docker 镜像到远程服务器，就可以在远程服务器上运行网络爬虫程序了。这样操作省去了很多重复配置运行环境、调试程序的时间。

9.2 远程主机

远程主机一般包括虚拟主机、VPS 主机和云主机等几种。

VPS（Virtual Private Server，虚拟专用服务器）主机是一种介于传统虚拟主机和独立主机之间的特殊服务器托管技术，它通过特殊的服务器管理技术把一台大型 Internet 主机虚拟化成多个具有独立 IP 地址的服务器系统，这些系统无论从性能、安全及扩展性上同独立服务器没有实质性的差别，而费用仅相当于租用独立服务器的 1/4 或 1/5，并且无须额外支出后续的硬件维护管理成本。

VPS 主机拥有传统虚拟主机所不具备的系统独立管理权，解决了那些既需要独立主机性能、财力又不够充裕的网站的运营发展问题，无疑是一种比较实惠的选择。

与传统的虚拟主机相比，VPS 主机由于不是采用大量虚拟主机共享同一个主机硬件资源的形式，因此在带宽、速度、网站和邮件的安全性等方面都具有较为明显的优势，并且支持超级管理员实现有效的远程管理，使企业能够更加有效地控制自己购买的 CGI 程序、数据库等互联网资源。

做一个形象的比喻：采用虚拟主机的企业就像住进了集体宿舍，虽然拥有自己的床位，却无法避免由于过度拥挤而带来的困扰；而采用 VPS 主机的企业就好比住进了独立的单间，虽然与其他单间的住户仍旧共享一些重要的公用设施（如 CPU 和总线），但安全性和方便程度已经大大地改善了。

云计算是指 IT 基础设施的交付和使用模式，指通过网络以按需、易扩展的方式获得所需的资源（硬件、平台、软件）。提供资源的网络被称为"云"。"云"中的资源在使用者看来是可以无限扩展的，并且可以随时获取，按需使用，随时扩展，按使用付费。"云"是一个计算资源池，通常为一些大型服务器集群，包括计算服务器、存储服务器、带宽资源等。"云计算"将所有的计算资源集中起来，通过网络提供给用户。这使得应用提供者无须为烦琐的细节而烦恼，能够更加专注于自己的业务，有利于创新和降低成本。

云主机是整合了计算、存储与网络资源的 IT 基础设施能力租用服务，能提供基于云计算模式的按需使用和按需付费能力的服务器租用服务。客户可以通过 Web 界面的自助服务平台，部署所需的服务器环境。

9.2.1 从网站主机运行

现在的网站主机一般都使用 VPS 主机，选择一台好的 VPS 主机可以从以下因素去考虑。

1. 商家

尽量选择知名度高，口碑信誉好的商家。注意考察服务器及线路的稳定情况、客服工单 ticket 的回复速度、商家自身的技术储备等。

2. 线路和位置

影响访问速度的主要因素有地理位置、线路、带宽。一般地理位置离访问用户越近，速度越快。如果访客主要是国内用户，首选国内的服务器如阿里云、腾讯云等。其次推荐选择大陆周边地区或国家的 VPS，需要确认 VPS 走什么线路，是否直连，是双向还是单向直连等。目前 CN2 线路比较热门。

因用户使用的网络提供服务商不同，同一线路也会有差异。

3. 配置

VPS 一般都可以随时进行升级。

内存：开始访问量不大的话 4GB 内存就够用了，不够用可以进行升级，资金充裕的话一步到位也可以。

CPU：一般是限制核数和频率，核数越多越好，频率也是越高越好。

带宽：带宽是一个比较重要的参数，但是往往容易搞混。首先服务商提供的带宽参数单位一般都是 Mbit/s，换算成下载速度的话就是 1 Mbit/s = 128 KB/s。另外 VPS 服务商官网上标注的带宽信息是独享还是共享也很重要，一般而言国内 VPS 带宽都比较小且价格较贵，美国带宽比较大，价格也较便宜，当然国际线路带宽有限，也不可能跑满。

虚拟化技术：建议选择 KVM，其次选 Xen，不建议选用 OpenVZ。

管理面板：SolusVM（国外用得比较多）、XenSystem（国内服务商用得较多）、自主开发、其他集成平台，使用方法大同小异。

4. 测试

购买 VPS 前主要是使用一些网络测试工具，如 Ping、Tracert、WinMTR 等工具进行测试，确定 VPS 所走线路的好坏。购买后主要测试 VPS 的性能，如使用 UnixBench 测试 Linux VPS 性能，这也是比较常用的性能测试工具。

9.2.2 从云主机运行

阿里云服务器 ECS（Elastic Compute Service）是一种弹性可伸缩的计算服务，有助于降低 IT 成本，提升运维效率，使用户更专注于核心业务创新。

1. 完成创建 ECS 实例的准备工作

① 创建账号，以及完善账号信息。注册阿里云账号，并完成实名认证。如果创建按量付费实例，阿里云账户余额、代金券和优惠券的总值不得小于 100 元人民币。

② 阿里云提供一个默认的专有网络 VPC，如果用户不想使用默认专有网络 VPC，可以在目标地域创建一个专有网络和交换机。

③ 阿里云提供一个默认的安全组，如果用户不想使用默认安全组，可以在目标地域创建一个安全组。

如果用户需要使用其他扩展功能，也需要完成相应的准备工作，例如：

- 创建 Linux 实例时要绑定 SSH 密钥对，需要在目标地域创建一个 SSH 密钥对。
- 要设置自定义数据，需要准备实例自定义数据。
- 要为 ECS 实例关联某个角色，需要创建、授权实例 RAM 角色，并将其授予 ECS 实例。

2. 创建 ECS 实例的操作步骤

① 前往实例创建页。

② 完成基础配置。

- 选择付费模式，可以是包年或包月、按量付费或者抢占式实例。
- 选择地域和可用区。
- 选择实例规格并设置实例数量。
- 选择镜像，可以选择公共镜像、自定义镜像、共享镜像或从镜像市场选择镜像。
- 选择存储。

系统盘：必选项，用于安装操作系统。指定系统盘的云盘类型和容量。

数据盘：可选项，如果在此时创建云盘作为数据盘，必须选择云盘类型、容量、数量，并设置是否加密。可以创建空云盘，也可以使用快照创建云盘。最多可以添加 16 块云盘作为数据盘。

- 选择网络类型。网络类型为专有网络时，必须选择专有网络和交换机。如果没有创建专有网络和交换机，可以选择默认专有网络和默认交换机。
- 设置公网带宽。如果需要为实例分配一个公网 IP 地址，必须选中分配公网 IPv4 地址，选择按使用流量或按固定带宽计费公网带宽，并指定带宽值。通过这种方式分配的公网 IP 地址不能与实例解绑。

如果实例不需要访问公网，或者 VPC 类型 ECS 实例使用弹性公网 IP（EIP）地址访问公网，则不需要分配公网 IP 地址。EIP 地址随时能与实例绑定或解绑。

③ 确认订单。在所选配置部分，确认配置信息。可以单击编辑图标重新编辑配置。

实例开通后，单击管理控制台回到 ECS 管理控制台查看新建的 ECS 实例。在相应地域的实例列表里，能查看新建实例的实例名称、公网 IP 地址、内网 IP 地址或私网 IP 地址等信息。

开通了 ECS 云主机实例后，下面就可以将网络爬虫程序部署到云主机中运行了。

第 **10** 章

网页数据采集的法律与道德约束

知识目标：

1) 了解网页数据采集要遵守的道德规范
2) 了解网页数据采集要遵守的法律法规

能力目标：

能够遵纪守法地使用网络爬虫

作为一种数据获取工具，网络爬虫的使用可以提升使用者的数据收集效率。但是技术的无限制使用必然带来混乱和网络秩序的崩溃，因此需要通过道德规范和法律法规的双重约束，进一步规定爬虫技术的使用范围和法律边界，防止爬虫技术被滥用，防止侵害网络信息权利人的合法利益。

10.1　商标、版权、专利

网络爬虫程序开发者需要了解一些关于知识产权的法律常识，包括关于商标、版权和专利的知识。

自然人、法人或者其他组织对其生产、制造、加工、拣选或经销的商品或者提供的服务需要取得商标专用权的，应当依法向国家知识产权局提出商标注册申请。

狭义的商标注册申请仅指商品和服务商标注册申请、商标国际注册申请、证明商标注册申请、集体商标注册申请、特殊标志登记申请。广义的商标注册申请除包括狭义的商标注册申请的内容外，还包括变更/续展/转让注册申请、异议申请、商标使用许可合同备案申请以及其他商标注册事宜的办理。

版权（Copyright）是用来表述创作者因其文学和艺术作品而享有的权利的一个法律用语。

版权是对计算机程序、文学著作、音乐作品、照片、游戏、电影等的复制权利的合法所有权。除非转让给另一方，版权通常被认为是属于作者的。大多数计算机程序不仅受到版权的保护，还受软件许可证的保护。版权只保护思想的表达形式，而不保护思想本身。算法、数学方法、技术或机器的设计均不在版权的保护之列。

根据规定，作者享受下列权利：① 以本名、化名或以不署名的方式发表作品；② 保护作品的完整性；③ 修改已经发表的作品；④ 因观点改变或其他正当理由声明收回已经发表的作品，但应适当赔偿出版单位损失；⑤ 通过合法途径，以出版、复制、播放、表演、展览、摄制、翻译或改编等形式使用作品；⑥ 因他人使用作品而获得经济报酬。上述权利受到侵犯，作者或其他版权所有者有权要求停止侵权行为和赔偿损失。

版权的取得有两种方式：自动取得和登记取得。在中国，按照著作权法规定，作品完成就自动有版权。所谓完成，是相对而言的，只要创作的对象已经满足法定的作品构成条件，即可作为作品受到著作权法保护。

在学理上，根据性质不同，版权可以分为著作权及邻接权。简单来说，著作权是针对原创相关精神产品的人而言的，而邻接权的概念，是针对表演或者协助传播作品载体的有关产业的参加者而言的，比如表演者、录音录像制品制作者、广播电视台、出版社等。

侵权行为包括以下种类：

① 未经著作权人许可，发表其作品的；

② 未经合作作者许可，将与他人合作创作的作品当作自己单独创作的作品发表的；

③ 没有参加创作，为谋取个人名利，在他人作品上署名的；

④ 歪曲、篡改他人作品的；

⑤ 剽窃他人作品的；

⑥ 未经著作权人许可，以展览、摄制电影和以类似摄制电影的方法使用作品，或者以改编、翻译、注释等方式使用作品的，本法另有规定的除外；

⑦ 使用他人作品，应当支付报酬而未支付的；

⑧ 未经电影作品和以类似摄制电影的方法创作的作品、计算机软件、录音录像制品的著作权人或者与著作权有关的权利人许可，出租其作品或者录音录像制品的，本法另有规定的除外；

⑨ 未经出版者许可，使用其出版的图书、期刊的版式设计的；

⑩ 未经表演者许可，从现场直播或者公开传送其现场表演，或者录制其表演的；

⑪ 其他侵犯著作权以及与著作权有关的权益的行为；

⑫ 未经著作权人许可，复制、发行、表演、放映、广播、汇编、通过信息网络向公众传播其作品的，本法另有规定的除外；

⑬ 出版他人享有专有出版权的图书的；

⑭ 未经表演者许可，复制、发行录有其表演的录音录像制品，或者通过信息网络向公众传播其表演的，著作权法另有规定的除外；

⑮ 未经录音录像制作者许可，复制、发行、通过信息网络向公众传播其制作的录音录像制品的，著作权法另有规定的除外；

⑯ 未经许可，播放或者复制广播、电视的，著作权法另有规定的除外；

⑰ 未经著作权人或者与著作权有关的权利人许可，故意避开或者破坏权利人为其作品、录音录像制品等采取的保护著作权或者与著作权有关的权利的技术措施的，法律、行政法规另有规定的除外；

⑱ 未经著作权人或者与著作权有关的权利人许可，故意删除或者改变作品、录音录像品等的权利管理电子信息的，法律、行政法规另有规定的除外；

⑲ 制作、出售假冒他人署名的作品的。

以上第①至第⑪项行为，侵权人应当根据情况承担停止侵害、消除影响、赔礼道歉、赔偿损失等民事责任。第⑫项至第⑲项行为，侵权人除了承担上述民事责任外，同时损害公共利益的，可以由著作权行政管理部门责令停止侵权行为，没收违法所得，没收、销毁侵权复制品，并可处以罚款；情节严重的，著作权行政管理部门还可以没收主要用于制作侵权复制品的材料、工具、设备等；构成犯罪的，依法追究刑事责任。

另外，在著作权许可使用或转让等合同中，当事人不履行合同义务或者履行合同义务不符合约定条件的，应当依照《中华人民共和国民法典》等有关法律法规承担民事责任。

在现代，专利一般是由政府机关或者代表若干国家的区域性组织根据申请而颁发的一种文件，这种文件记载了发明创造的内容，并且在一定时期内产生这样一种法律状态，即获得专利的发明创造在一般情况下他人只有经专利权人许可才能予以实施。在我国，专利分为发明、实用新型和外观设计3种类型。

授予发明和实用新型专利权，应当具备新颖性、创造性和实用性。

（1）新颖性

新颖性是指该发明或者实用新型不属于现有技术；也没有任何单位或者个人就同样的发明或者实用新型在申请日以前向国务院专利行政部门提出过申请，并记载在申请日以后公布的专利申请文件或者公告的专利文件中。

（2）创造性

创造性是指与现有技术相比，该发明具有突出的实质性特点和显著的进步，该实用新型具有实质性特点和进步。

（3）实用性

专利法规定："实用性，是指该发明或者实用新型能够制造或者使用，并且能够产生积极效果。"

能够制造或者使用，是指发明创造能够在工农业及其他行业的生产中大量制造，并且应用在工农业生产上和人民生活中，同时产生积极效果。这里必须指出的是，专利法并不要求其发明或者实用新型在申请专利之前已经经过生产实践，而是分析和推断在工农业及其他行业的生产中可以实现。

（4）非显而易见性

非显而易见性（Nonobviousness）：专利发明必须明显不同于习知技艺（Prior Art）。所以，获得专利的发明必须是在既有之技术或知识上有显著的进步，而不能只是已知技术或知识的显而易见的改良。这样的规定是要避免发明人只针对既有产品做小部分的修改就提出专利申请。若运用习知技艺或熟习该类技术都能轻易完成，无论是否增加功效，均不符合专利的进步性精神；而在该专业或技术领域的人都想得到的构想，就是显而易见的（Obviousness），是不能获得专利权的。

（5）适度揭露性

适度揭露性（Adequate Disclosure）：为促进产业发展，国家赋予发明人独占的利益，而发明人则需充分描述其发明的结构与运用方式，以便利他人在取得专利权人同意或专利到期之后，能够实施此发明，或是通过专利授权实现发明或者再利用再发明。如此，一个有价值的发明能对社会、国家发展有所贡献。

专利属于知识产权的一部分，是一种无形的财产，具有与其他财产不同的特点。

（6）排他性

排他性也即独占性。它是指在一定时间（专利权有效期内）和区域（法律管辖区）内，任何单位或个人未经专利权人许可都不得实施其专利；对于发明和实用新型，即不得为生产经营目的制造、使用、许诺销售、销售、进口其专利产品；对于外观设计，即不得为生产经营目的制造、许诺销售、销售、进口其专利产品，否则属于侵权行为。

（7）区域性

区域性是指专利权是一种有区域范围限制的权利，它只有在法律管辖区域内有效。除了在有些情况下，依据保护知识产权的国际公约，以及个别国家承认另一国批准的专利权有效以外，技术发明在哪个国家申请专利，就由哪个国家授予专利权，而且只在专利授予国的范围内有效，而对其他国家则不具有法律的约束力，其他国家不承担任何保护义务。但是，同一发明可以同时在两个或两个以上的国家申请专利，获得批准后其发明便可以在所有申请国获得法律保护。

（8）时间性

时间性是指专利只有在法律规定的期限内才有效。专利权的有效保护期限结束以后，专利权人所享有的专利权便自动丧失，一般不能续展。发明便随着保护期限的结束而成为社会公有的财富，其他人便可以自由地使用该发明来创造产品。专利受法律保护的期限的长短由有关国家的专利法或有关国际公约规定。世界各国的专利法对专利的保护期限规定不一。

10. 2 侵犯财产

侵犯财产罪是指故意非法地将公共财产和公民私有财产据为己有，或者故意毁坏公私财物的行为。包括：抢劫罪、盗窃罪、抢夺罪、诈骗罪、聚众哄抢公私财物罪、侵占罪、职务侵占罪、挪用资金罪、挪用公款罪、挪用特定款物罪、敲诈勒索罪、故意毁坏财物罪、破坏生产经营罪等。这种财产关系的物质表现是各种具体财物。无主物不属于侵犯财产罪的对象。贪污的赃款赃物、走私的物品、赌场上的赌资等，虽是犯罪分子的非法所得或供犯罪使用的财物、但这些财物有其原来的合法所有人或应由有关国家机关予以没收归公，仍不得非法加以侵犯（如抢劫、盗窃等），因而仍可成为侵犯财产罪的对象。本罪的主体，除贪污罪是特殊主体外，其余皆为一般主体。本罪的主观方面只能是出于故意，而且除故意毁坏财物罪外，都具有非法占有的目的。本罪的客观方面表现为侵犯公私财产关系的行为。

侵犯财产罪，包括 13 个具体罪名。依故意内容的不同，可以分为以下 3 个类型：

① 占有型。即以非法占有为目的的侵犯财产罪。其中又可以按照犯罪的方式分为以下 4 种具体类型：

第一，公然强取型犯罪，包括抢劫罪、抢夺罪、聚众哄抢公私财物罪、敲诈勒索罪。

第二，秘密窃取型犯罪，即盗窃罪。

第三，骗取型犯罪。即诈骗罪。

第四，侵占型犯罪，包括侵占罪、职务侵占罪。

其中，第一种类型又可以称为强制占有型犯罪，第二、三、四种类型又可合并称为非强制占有型犯罪。

② 挪用型。即以挪用为目的的侵犯财产罪。包括挪用资金罪、挪用特定款物罪。

③ 毁损型。即以毁损财物为故意内容的侵犯财产罪。包括故意毁坏财物罪、破坏生产经营罪。

只要不是以破坏性的速度爬取，并且消息来源是公开的，那么爬取就是合法的。在爬取前建议检查目标网站，查找与数据爬取有关的任何服务条款。如果显示"不允许爬取",则应尊重这一点,避免爬取。

10.3　robots. txt 和服务协议

robots 协议也叫 robots. txt,是一种存放于网站根目录下的 ASCII 编码的文本文件,它通常告诉网络搜索引擎的漫游器(又称网络爬虫),此网站中的哪些内容是不应被搜索引擎的漫游器获取的,哪些是可以被漫游器获取的。因为一些系统中的 URL 是大小写敏感的,所以 robots. txt 的文件名应统一为小写。robots. txt 应放置于网站的根目录下。如果想单独定义搜索引擎的漫游器访问子目录时的行为,那么可以将自定的设置合并到根目录下的 robots. txt,或者使用 robots 元数据(Metadata)。

robots 协议并不是一个规范,而只是约定俗成的,所以并不能保证网站的隐私。

robots. txt 文件写法如下所述。

- User-agent:*,这里的 * 代表的是所有的搜索引擎种类,* 是一个通配符。
- Disallow:/admin/,这里定义是禁止爬寻 admin 目录下面的目录。
- Disallow:/require/,这里定义是禁止爬寻 require 目录下面的目录。
- Disallow:/ABC/,这里定义是禁止爬寻 ABC 目录下面的目录。
- Disallow:/cgi-bin/ * . htm,禁止访问/cgi-bin/目录下的所有以". htm"为后缀的 URL(包含子目录)。
- Disallow:/ * ? *,禁止访问网站中所有包含问号(?)的网址。
- Disallow:/.jpg$,禁止爬取网页所有的 .jpg 格式的图片。
- Disallow:/ab/adc. html,禁止爬取 ab 文件夹下面的 adc. html 文件。
- Allow:/cgi-bin/,这里定义是允许爬寻 cgi-bin 目录下面的目录。
- Allow:/tmp,这里定义是允许爬寻 tmp 的整个目录。
- Allow:. htm$,仅允许访问以". htm"为扩展名的 URL。
- Allow:. gif$,允许爬取网页和 .gif 格式图片。
- Sitemap:网站地图,告诉爬虫这个页面是网站地图。

robots 协议是网站出于安全和隐私考虑,防止搜索引擎抓取敏感信息而设置的。搜索引擎的原理是通过一种网络爬虫程序,自动搜集互联网上的网页并获取相关信息。而鉴于网络安全与隐私的考虑,每个网站都会设置自己的robots 协议,来明示搜索引擎哪些内容是愿意和允许被搜索引擎收录的,哪些则不允许。搜索引擎则会按照 robots 协议给予的权限进行抓取。

robots 协议代表了一种契约精神,互联网企业只有遵守这一规则,才能保证网站及用户的隐私数据不被侵犯。违背 robots 协议将带来巨大安全隐忧。此前,曾经发生过这样一个真实的案例:国内某公司员工郭某给别人发了封求职的电子邮件,该 E-mail 存储在某邮件服务公司的服务器上。因为该网站没有设置 robots 协议,导致该 E-mail 被搜索引擎抓取并被网民搜索到,为郭某的工作生活带来极大困扰。

如今，在国内互联网行业，正规的大型企业也都将 robots 协议当作一项行业标准。不过，绝大多数中小网站都需要依靠搜索引擎来增加流量，因此通常并不排斥搜索引擎，也很少使用 robots 协议。

10.4 避开数据采集陷阱

10.4.1 修改请求头

很多网站都会对请求头做校验，比如验证 User-Agent，看是不是浏览器发送的请求，如果不加请求头，使用脚本访问，默认 User-Agent 是 Python，这样服务器如果进行了校验，就会拒绝请求。

使用 requests 库添加请求头很简单，只需要传一个 headers 参数就可以了。

```python
import requests

base_url = 'http://httpbin.org'

form_data = {"user":"zou","pwd":'31500'}
form_header = {"User-Agent":"Chrome/68.0.3440.106"}
#设置请求头,字典格式
r = requests.post(base_url + '/post', data=form_data, headers=form_header)
print(r.url)    #打印URL
print(r.status_code)
print(r.text)
```

Python 中的第三方模块 fake_useragent 返回一个随机封装好的头部信息，直接使用即可。

安装 fake_useragent：

```
pip install fake_useragent
```

示例：

```python
from fake_useragent import UserAgent

#实例化 UserAgent 类
ua = UserAgent()

#对应浏览器的头部信息
print(ua.ie)
print(ua.opera)
print(ua.chrome)
print(ua.firefox)
print(ua.safari)
```

```
#随机返回头部信息,推荐使用
print( ua. random)
```

10. 4. 2　用 JavaScript 处理 cookie

cookie：存储在本地浏览器中的数据，在存储的时候可以设置过期时间。使用场景很多，比如最常见的是用户登录某个网站，登录之后将用户的用户名和密码存在 cookie 中，这样下次再次访问此网站就不用登录了。因 cookie 是存储在本地的，所以就算浏览器关闭也不会丢失，除非人为删除，或者时间到期。

使用 JavaScript 可以对 cookie 进行操作：

1. 保存 cookie

参考代码如下：

```
function setCookie( name, value) {
            var date = new Date( );
            var expires = 10;
            date. setTime( date. getTime( ) + expires * 24 * 60 * 60 *1000)
            document. cookie = name + "=" + value + ";expires=" + date. toGMTString
( ) + ";path=" + "/";
//后边加入 path 是因为下方要实现的功能要在其他页面调取 cookie
        }
```

2. 读取 cookie

参考代码如下：

```
function getCookie( name) {
            var arr = document. cookie. split(';');
            for ( var i = 0; i < arr. length; i++) {
                var arr2 = arr[i]. split('=');
                var arrTest = arr2[0]. trim( );
                if ( arrTest == name) {
                    return arr2[1];
                }
            }
        }
```

3. 删除 cookie

参考代码如下：

```
function delCookie( name) {
            var exp = new Date( );
            exp. setTime( exp. getTime( ) - 1);
            var cval = getCookie( name);
            if ( cval ! = null)
```

```
                         document. cookie = name + " = " + cval + "; expires = " +
exp. toGMTString( ) ;
            }
        }
```

10.5 常见表单安全措施

10.5.1 隐含输入字段值

在网页中使用表单收集用户数据时，出于安全的需要，在表单中可以使用隐藏域插入许多隐含输入字段值。

隐藏域在页面中对于用户是不可见的，在表单插入中隐藏域的目的在于收集和发送信息，以利于被处理表单的程序所使用。虽然隐藏域用户是看不到的，但是它还是具有 form 传值功能。

如果在爬虫中自动提交表单时，忽略了表单中的隐藏域，表单提交是不成功的。

基本语法：

```
<input type="hidden" name="field_name" value="value" />
```

表单为了防止 CSRF（Cross-Site Request Forgery，跨站点请求伪造）攻击，常常会在表单添加一个隐藏域：

```
<input type="hidden" name="csrftoken" value="tokenvalue"/>
```

并在服务器端建立一个拦截器来验证这个 token（令牌），如果请求中没有 token 或者 token 内容不正确，则认为可能是 CSRF 攻击而拒绝该请求。

CSRF 攻击原理及过程如下：

① 用户 C 打开浏览器，访问受信任网站 A，输入用户名和密码请求登录网站 A。

② 在用户信息通过验证后，网站 A 产生 cookie 信息并返回给浏览器，此时用户登录网站 A 成功，可以正常发送请求到网站 A。

③ 用户未退出网站 A 之前，在同一浏览器中，打开一个标签页访问网站 B。

④ 网站 B 接收到用户请求后，返回一些攻击性代码，并发出一个请求要求访问第三方站点 A。

⑤ 浏览器在接收到这些攻击性代码后，根据网站 B 的请求，在用户不知情的情况下携带 cookie 信息，向网站 A 发出请求。网站 A 并不知道该请求其实是由 B 发起的，所以会根据用户 C 的 cookie 信息以 C 的权限处理该请求，导致来自网站 B 的恶意代码被执行。

攻击者盗用了用户的身份，以用户的名义发送恶意请求，对服务器来说这个请求是完全合法的，但是却完成了攻击者所期望的一个操作，比如以用户的名义发送邮件、发消息、盗取用户的账号、添加系统管理员甚至于购买商品、虚拟货币转账等。

10.5.2 避免蜜罐

蜜罐技术本质上是一种对攻击方进行欺骗的技术，通过布置一些作为诱饵的主机、网络服务或者信息，诱使攻击方对它们实施攻击，从而可以对攻击行为进行捕获和分析，了解攻击方所使用的工具与方法，推测攻击意图和动机，能够让防御方清晰地了解他们所面对的安全威胁，并通过技术和管理手段来增强实际系统的安全防护能力。

蜜罐好比是情报收集系统。蜜罐好像是故意让人攻击的目标，引诱黑客前来攻击。所以攻击者入侵后，就可以知道他是如何得逞的，随时了解针对服务器发动的最新的攻击和漏洞。还可以通过窃听黑客之间的联系，收集黑客所用的各种工具，并且掌握他们的社交网络。

在编写网络爬虫时要注意甄别返回的数据内容，防止网络爬虫进入对方设置的蜜罐，避免爬取到的数据都是一些虚假数据，否则对随后的数据处理、数据分析工作会造成很大的影响。

第11章

项目实战：招聘分析监控系统——数据采集子系统

知识目标：

1) 了解大数据网络爬虫的基本流程
2) 掌握大数据网络爬虫项目的环境配置
3) 掌握各种大数据网络爬虫技术的综合运用

能力目标：

1) 能够独立搭建大数据网络爬虫项目开发环境
2) 能够独立解决大数据网络爬虫项目中的常见问题

11.1 系统概述

11.1.1 招聘分析监控系统总体介绍

前面章节中学习了数据采集中的各项技术的使用，数据采集技术在如今互联网海量数据的时代有非常重要的作用，本章将通过一个综合性的实战项目：招聘分析监控系统—数据采集子系统，让读者将前面学到的知识综合运用起来。

微课 11-1 招聘平台数据可视化项目背景介绍

随着网络招聘方式的兴起以及互联网技术的成熟，网络招聘已经是目前人们在求职就业时的主要选择方式，各大招聘网站也应运而生。这给人们带来便利，也带来了困扰，应聘者在眼花缭乱的招聘信息中不知如何选择最适合自己的工作，管理者无法预测未来的就业形势以便制订更有利的人才政策。这就需要对海量的招聘信息进行更深入更高层次地分析，从而发掘出数据之间的隐藏的关联规则，预测未来的就业发展趋势。

微课 11-2 招聘平台数据可视化需求分析

招聘分析监控系统就是为了满足上面的需求，使用网络爬虫从一些特定的主流招聘网站采集公开的招聘信息数据，自动清洗无效数据后在大数据分布式存储系统中进行保存，然后采用大数据技术中的离线数据分析对存储的数据进行分析，由前端可视化系统对最终分析结果进行图表展示。让用户通过本系统可以直观、清楚地了解当前招聘市场的主要方向和趋势，为决策提供合理的依据。

招聘分析监控系统主要分为 3 个子系统：

- 数据采集子系统
- 数据存储与分析平台
- 数据可视化子系统

招聘分析监控系统的系统结构如图 11-1 所示。

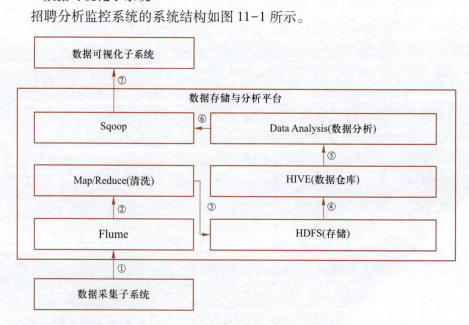

图 11-1

数据采集子系统负责将各大招聘网站的招聘信息按照某种规则进行采集，并自动清洗后传输到数据存储与分析平台进行处理和分析，最后由数据可视化系统将最终的分析结果以美观的图表形式展现出来。本章主要介绍数据采集子系统的实现。数据存储与分析平台和数据可视化子系统的实现请参看其他书籍。

招聘分析监控系统的网络拓扑结构如图 11-2 所示。

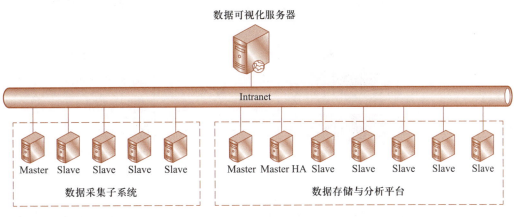

图 11-2

11.1.2　数据采集子系统介绍

数据采集子系统的技术选型见表 11-1。

表 11-1　技 术 选 型

项　　目	说　　明
编程语言	Python 3.6.4
框架（库）	Scrapy（网络爬虫框架） Scrapyd（网络爬虫管理框架） SpideKeeper（可视化网络爬虫框架） Flask（Web 界面框架） 结巴分词（中文分词器） Socket（网络传输库）
数据库	Redis（开源分布式数据库）、MySQL（关系型数据库）

数据采集子系统主要编程语言为 Python 3.6.4，使用 Scrapy 爬虫框架编写网络爬虫从各大互联网招聘网站采集公开发布的招聘信息。为了更好地对网络爬虫进行管理，使用 Scrapyd 和 SpideKeeper 两个框架实现网络爬虫的可视化管理界面。使用 Redis 缓存系统中的常用数据便于查询以及作为分布式网络爬虫之间的详细队列和数据交互管道。数据预处理模块完成数据的自动清洗工作。最后通过 Socket 向数据存储分析平台的 Flume 文件传输通道发送，完成当前的数据采集及上传任务。

数据采集子系统由部署在 Master 服务器上的控制系统组件以及部署在各 Slave 服务器上的采集系统组件构成，整体架构如图 11-3 所示。

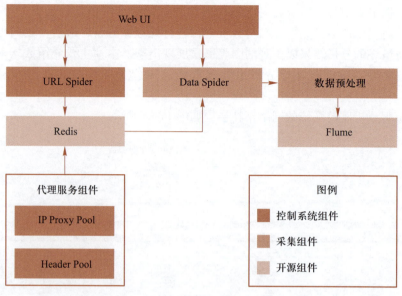

图 11-3

数据采集子系统主要包含的功能有：

① 支持网络抓取并提取结构性数据；提供基于 egg 包的数据爬虫构建机制，实现快速提交用户自定义网络爬虫；提供 media piplines 机制，实现自动下载爬取到的资源；支持网络爬虫之间的协调机制，有效避免重复采集。

② 提供 B/S 结构的网络爬虫管理界面，支持通过上传基于 egg 包的数据采集包新增网络爬虫；提供仪表盘管理网络爬虫；支持对网络爬虫进行运行配置，实现网络爬虫的定时自动启动等采集任务规划配置；支持监控所有管理中的网络爬虫的运行状态。

③ 支持分布式部署，由调度服务器统一操控；支持采集服务器的动态扩展及自动化部署。

④ 支持多线程采集，可充分利用服务器及带宽资源。

⑤ 提供代理池机制及代理质量检测机制，实现自动化采集免费代理、定期对代理总量进行更新等操作；提供 Header 池，有效模拟通过浏览器访问过程，避免网站反爬机制导致的数据采集失败等情况。

11.2 数据采集子系统各模块详细介绍

11.2.1 URL Spider

URL Spider 是基于 Scrapy 框架构建的网络爬虫，它根据需要数据采集的各大招聘网站的起始 URL 地址，并配合采集关键词，发送网络请求。然后根据获取的响应内容进行解析，获得详情页 URL 地址及分页 URL 地址后，将详情页 URL 地址推送到 Redis 中以供 Data Spider 进行数据采集；使用分页 URL 地址再次发送请求，并对获得响应数据进行递归处理，具体处理流程如图 11-4 所示。

为了便于对网络爬虫进行管理，需要将基于 Scrapy 框架构建的网络爬虫发布为 egg 包的形式，egg 包名称命名规范为［source］_url.egg，其中 source 为数据采集目标网站域名（去除 www.、.cn、.com 等前后缀）。

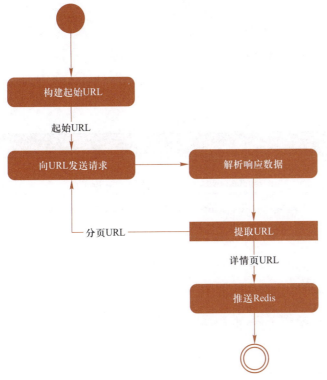

图 11-4

创建 egg 包需要先安装 Scrapyd 爬虫管理框架，进入项目根目录（利用 Scrapyd 客户端进行打包）：

```
scrapyd-deploy -p 项目名 -v 版本名 --build-egg=egg 包名 . egg
```

1. 目标采集网站及起始页 URL 构造规则
各大招聘网站的起始页 URL 地址见表 11-2。

表 11-2　各大招聘网站的起始页 URL 地址

目标网站	网站 URL	起始页 URL 构造模板
中华英才	www. chinahr. com	http://www. chinahr. com/sou/？ orderField＝relate&keyword＝标签岗位 &page＝1
51job	www. 51job. com	https://search. 51job. com/jobsearch/search _result. php？ fromJs＝1&keyword＝标签岗位 &keywordtype＝2&lang＝c&stype＝2&postchannel＝0000&fromType＝1&confirmdate＝9'
智联招聘	www. zhaopin. com	http://sou. zhaopin. com/jobs/searchresult. ashx？ jl＝全国 &kw＝标签岗位 &sm＝0&p＝1'

注：上述构造规则中涉及的**标签**及**岗位**均为预定义的采集关键词。

岗位及标签对应关系以预定义 JSON 文件格式存储，数据格式如下：

```
{
    "标签 1":["岗位 1","岗位 2",…],
```

```
        "标签 2":["岗位 1","岗位 2",…],
        "标签 3":["岗位 1","岗位 2",…],
        …
    }
```

2. URL 数据提取规则

在获取到响应内容，根据 XPath 规则提取详情页 URL 地址和分页 URL 地址，见表 11-3。

表 11-3　XPath 规则

目标网站	提 取 规 则	类　　型
中华英才	XPath： ('.//div[@class="pageList"]/a[contains(text(),"下一页")]/@href')	分页 URL
	XPath：(.//div[@class="dw_wp"]/div[@id="resultList"]/div[@class="el"]) XPath： (.//p[starts-with(@class,"t1")]/span/a/@href)	详情页 URL
51job	XPath('.//div[@class="p_in"]/ul/li[@class="bk"][2]/a/@href')	分页 URL
	XPath：('.//div[@class="dw_wp"]/div[@id="resultList"]/div[@class="el"]') XPath： ('.//p[starts-with(@class,"t1")]/span/a/@href')	详情页 URL
智联招聘	XPath：('.//div[@class="pagesDown"]/ul/li[@class="pagesDown-pos"]/a[@class="next-page"]/@href')	分页 URL
	XPath：('.//div[@id="newlist_list_content_table"]/table') XPath： ('.//td[@class="zwmc"]/div/a/@href')	详情页 URL

11.2.2　Data Spider

Data Spider 模块也是基于 Scrapy 框架构建的网络爬虫，从 Redis 中获取由 URL Spider 采集到的详情页 URL，构造访问请求并从获取的响应数据中解析目标数据，构造 JSON 格式字符串并保存到原始数据文件中，同时调用数据预处理模块向数据存储与分析平台发送。

Data Spider 模块也需要发布为 egg 包的形式。

1. 原始数据文件格式

Data Spider 模块的原始数据文件为 JSON 格式，每行为一条职位数据，文件命名规则为：[主机名]_[source]_[YYYY-MM-DD].json，文件保存文件夹名称为 [YYYY-MM-DD]，文件内容定义见表 11-4。

表 11-4　原始数据文件 JSON 格式

类　　型	定　　义
职位数据	{ "source":"数据来源，网站地址（需要去除前缀和后缀）", "tag":"标签，采集固定值，joblist 第 1 层", "position":"岗位，采集固定值，joblist 第 2 层，与 tag 关联",

续表

类　　型	定　　义
职位数据	"job_category" :"职位分类，本项目无太大实用意义"， "job_name" :"职位名称"， "job_location" :"工作地点"， "crawl_date" :"采集日期，固定值，采集的当前日期，格式 YYYY-MM-DD"， "edu" :"学历要求"， "salary" :"薪资"， "experience" :"工作经验"， "job_info" :"职位信息，包括工作职责以及任职要求"， "company_name" :"公司名称"， "company_addr" :"公司地址"， "company_scale" :"公司规模" }
文件格式	{职位数据 1}，\n {职位数据 2}，\n …… **注：保存原始文件时，每行数据需增加换行符"\n"**
返回值	无
备注	需要使用异常处理机制对异常进行抓取并处理，保证数据发送稳定

2. 数据提取规则

Data Spider 模块的数据提取规则见表 11-5。

表 11-5　数据提取规则

数　　据	目标网站	DOM 节点
source	中华英才	固定值：chinahr
	51job	固定值：51job
	智联招聘	固定值：zhaopin
tag	所有	固定值：标签名称
position	所有	固定值：岗位名称
job_category	中华英才	/html/body/div[@class='job-detail　page clear']/div[@class='job-detail-r']/div[@class='job-company jrpadding']/table/tbody/tr[2]/td[2]/a
	51job	/html/body/div[@class='tCompanyPage']/div[@class='tCompany_center clearfix']/div[@class='tCompany_main']/div[@class='tBorderTop_box bt']/div[@class='jtag inbox']/div[@class='t1']/span[@class='sp2']
	智联招聘	/html/body/div[@class='terminalpageclearfix']/div[@class='terminalpage-left']/ul[@class='terminal-ul clearfix']/li[8]/strong/a
job_name	中华英才	/html/body/div[@class='job-detail　page clear']/div[@class='job-detail-l']/div[@class='job_profile jpadding']/div[@class='base_info']/div[1]/h1/span[@class='job_name']
	51job	/html/body/div[@class='tCompanyPage']/div[@class='tCompany_center clearfix']/div[@class='tHeader tHjob']/div[@class='in']/div[@class='cn']/h1
	智联招聘	/html/body/div[@class='top-fixed-box']/div[@class='fixed-inner-box']/div[@class='inner-left fl']/h1

续表

数　　据	目标网站	DOM 节点
job_location	中华英才	/html/body/div[@class='job-detail　page clear']/div[@class='job-detail-l']/div[@class='job_profile jpadding']/div[@class='base_info']/div[@class='job_require']/span[@class='job_loc']
	51job	/html/body/div[@class='tCompanyPage']/div[@class='tCompany_center clearfix']/div[@class='tHeader tHjob']/div[@class='in']/div[@class='cn']/span[@class='lname']
	智联招聘	/html/body/div[@class='terminalpage clearfix']/div[@class='terminalpage-left']/ul[@class='terminal-ul clearfix']/li[2]/strong
crawl_date	所有	固定值：当前日期，格式：YYYY-MM-DD
edu	中华英才	/html/body/div[@class='job-detail　page clear']/div[@class='job-detail-l']/div[@class='job_profile jpadding']/div[@class='base_info']/div[@class='job_require']/span[4]
	51job	/html/body/div[@class='tCompanyPage']/div[@class='tCompany_center clearfix']/div[@class='tCompany_main']/div[@class='tBorderTop_box bt']/div[@class='jtag inbox']/div[@class='t1']/span[@class='sp4'][2]
	智联招聘	/html/body/div[@class='terminalpage clearfix']/div[@class='terminalpage-left']/ul[@class='terminal-ul clearfix']/li[6]/strong
salary	中华英才	/html/body/div[@class='job-detail　page clear']/div[@class='job-detail-l']/div[@class='job_profile jpadding']/div[@class='base_info']/div[@class='job_require']/span[@class='job_price']
	智联招聘	/html/body/div[@class='terminalpage clearfix']/div[@class='terminalpage-left']/ul[@class='terminal-ul clearfix']/li[1]/strong
	51job	/html/body/div[@class='tCompanyPage']/div[@class='tCompany_center clearfix']/div[@class='tHeader tHjob']/div[@class='in']/div[@class='cn']/strong
experience	中华英才	/html/body/div[@class='job-detail　page clear']/div[@class='job-detail-l']/div[@class='job_profile jpadding']/div[@class='base_info']/div[@class='job_require']/span[@class='job_exp']
	51job	/html/body/div[@class='tCompanyPage']/div[@class='tCompany_center clearfix']/div[@class='tCompany_main']/div[@class='tBorderTop_box bt']/div[@class='jtag inbox']/div[@class='t1']/span[@class='sp4'][1]
	智联招聘	/html/body/div[@class='terminalpage clearfix']/div[@class='terminalpage-left']/ul[@class='terminal-ul clearfix']/li[5]/strong
job_info	中华英才	/html/body/div[@class='job-detail　page clear']/div[@class='job-detail-l']/div[@class='job_intro jpadding　mt15']/div[@class='job_intro_wrap']/div[@class='job_intro_info']
	51job	/html/body/div[@class='tCompanyPage']/div[@class='tCompany_center clearfix']/div[@class='tCompany_main']/div[@class='tBorderTop_box'][1]/div[@class='bmsg job_msg inbox']
	智联招聘	/html/body/div[@class='terminalpage clearfix']/div[@class='terminalpage-left']/div[@class='terminalpage-main clearfix']/div[@class='tab-cont-box']/div[@class='tab-inner-cont'][1]

续表

数　　据	目标网站	DOM 节点
company_name	中华英才	/html/body/div[@class='job-detail　page clear']/div[@class='job-detail-r']/div[@class='job-company jrpadding']/h4/a
	51job	/html/body/div[@class='tCompanyPage']/div[@class='tCompany_center clearfix']/div[@class='tHeader tHjob']/div[@class='in']/div[@class='cn']/p[@class='cname']/a
	智联招聘	/html/body/div[@class='terminalpage clearfix']/div[@class='terminalpage-right']/div[@class='company-box']/p[@class='company-name-t']/a
company_addr	中华英才	/html/body/div[@class='job-detail　page clear']/div[@class='job-detail-r']/div[@class='job-company　mt15 jrpadding']/div[@class='mapwrap mt15']
	51job	/html/body/div[@class='tCompanyPage']/div[@class='tCompany_center clearfix']/div[@class='tCompany_main']/div[@class='tBorderTop_box'][2]/div[@class='bmsg inbox']/p[@class='fp']
	智联招聘	/html/body/div[@class='terminalpage clearfix']/div[@class='terminalpage-right']/div[@class='company-box']/ul[@class='terminal-ul clearfix terminal-company mt20']/li[4]/strong
company_scale	中华英才	/html/body/div[@class='job-detail　page clear']/div[@class='job-detail-r']/div[@class='job-company jrpadding']/table/tbody/tr[3]/td[2]
	51job	/html/body/div[@class='tCompanyPage']/div[@class='tCompany_center clearfix']/div[@class='tHeader tHjob']/div[@class='in']/div[@class='cn']/p[@class='msg ltype']
	智联招聘	/html/body/div[@class='terminalpage clearfix']/div[@class='terminalpage-right']/div[@class='company-box']/ul[@class='terminal-ul clearfix terminal-company mt20']/li[1]/strong

11.2.3　反爬机制

为了避免网络爬虫被目标采集网站反爬机制通过封 IP 地址的方式阻挡采集，URL Spider 和 Data Spider 在发送请求时，都须从 Redis 中随机获取代理 IP 地址作为访问 IP 地址，随机从 Header 池中获取 User-Agent 对 URL 请求进行浏览器伪装。

1. 代理池（IP Proxy Pool）

代理池模块负责定时启动代理 IP 地址检测进程对 redis 中的代理 IP 地址进行有效性检测，检测无效时删除。定时启动代理池总量检测进程对有效代理进行统计，当有效代理数低于设定的阈值时，启动采集进程从指定的目标网站采集代理 IP 地址，保存在 Redis 中以供 URL Spider、Data Spider 使用。

2. 请求头池（Header Pool）

在 Redis 数据库中保存一系列浏览器 User-Agent，用于 URL Spider、Data Spider 的浏览器伪装。请求头池的数据为系统内置，不允许普通用户进行修改，预置数据如下：

```
'Mozilla/5.0 (Macintosh; U; Intel Mac OS X 10_6_8; en-us) AppleWebKit/534.50 (KHT-
ML like Gecko) Version/5.1 Safari/534.50'
'Mozilla/5.0 (Windows; U; Windows NT 6.1; en-us) AppleWebKit/534.50 (KHTML like
Gecko) Version/5.1 Safari/534.50'
'Mozilla/5.0 (compatible; MSIE 9.0; Windows NT 6.1; Trident/5.0)'
'Mozilla/4.0 (compatible; MSIE 8.0; Windows NT 6.0; Trident/4.0)'
'Mozilla/4.0 (compatible; MSIE 7.0; Windows NT 6.0)'
'Mozilla/4.0 (compatible; MSIE 6.0; Windows NT 5.1)'
'Mozilla/5.0 (Macintosh; Intel Mac OS X 10.6; rv:2.0.1) Gecko/20100101 Firefox/4.0.1'
'Mozilla/5.0 (Windows NT 6.1; rv:2.0.1) Gecko/20100101 Firefox/4.0.1'
'Opera/9.80 (Macintosh; Intel Mac OS X 10.6.8; U; en) Presto/2.8.131 Version/11.11'
'Opera/9.80 (Windows NT 6.1; U; en) Presto/2.8.131 Version/11.11'
'Mozilla/5.0 (Macintosh; Intel Mac OS X 10_7_0) AppleWebKit/535.11 (KHTML like
Gecko) Chrome/17.0.963.56 Safari/535.11'
'Mozilla/4.0 (compatible; MSIE 7.0; Windows NT 5.1; Maxthon 2.0)'
'Mozilla/4.0 (compatible; MSIE 7.0; Windows NT 5.1; TencentTraveler 4.0)'
'Mozilla/4.0 (compatible; MSIE 7.0; Windows NT 5.1)'
'Mozilla/4.0 (compatible; MSIE 7.0; Windows NT 5.1; The World)'
'Mozilla/4.0 (compatible; MSIE 7.0; Windows NT 5.1; Trident/4.0; SE 2.X MetaSr 1.0;
SE 2.X MetaSr 1.0; .NET CLR 2.0.50727; SE 2.X MetaSr 1.0)'
'Mozilla/4.0 (compatible; MSIE 7.0; Windows NT 5.1; 360SE)'
'Mozilla/4.0 (compatible; MSIE 7.0; Windows NT 5.1; Avant Browser)'
'Mozilla/4.0 (compatible; MSIE 7.0; Windows NT 5.1)'
```

11.2.4　Web 爬虫管理模块

采集子系统中有 URL Spider、Data Spider 两种网络爬虫类型，每个招聘网站的数据采集都有单独的这两个网络爬虫模块。为了更方便地对这些网络爬虫模块进行管理，需要编写 Web 爬虫管理模块。

Web 爬虫管理模块基于开源框架 SpiderKeeper 和 Scrapyd 构建，用于对基于 Scrapy 框架构建的网络爬虫（需要使用 Scrapyd 进行管理）进行可视化管控。

SpiderKeeper 是一款开源的 Spider 管理工具，可以方便地进行网络爬虫的启动、暂停、定时，同时可以查看分布式情况下所有网络爬虫日志，查看网络爬虫执行情况等。

Scrapyd 是一个服务，是用来运行 Scrapy 爬虫的。它允许部署 Scrapy 项目以及通过 HTTP JSON 的方式控制网络爬虫。

本组件直接基于 SpiderKeeper 的源代码构建，需要将 Logo 部分的 "Spider-Keeper" 修改为 "SHTD 数据采集管理系统"。

11.2.5　数据预处理

数据预处理模块主要通过提供 API 的模式向 Data Spider 模块提供原始数据预处理及发送能力，接口定义见表 11-6。

表 11-6　接 口 定 义

项　　目	说　　明
接口名称	process_and_send_job_info
功能	1. 将数据中含有的字符"｜"替换为"-"； 2. 去除转义字符"\r""\n""\t"及长空格等干扰数据； 3. 从职位描述文本中提取任职资格文本数据； 4. 对任职资格文本进行逐行分词，获取词性为'n'、'eng'、'nz'、'nr'、'ns'、'nt'、'vn'的词（词性标注兼容 ICTPOS3.0 计算所汉语词性标记集），形成分词集合（该分词集合中不做去重处理）； 5. 通过 Flume 向数据存储与分析平台推送职位数据

参数	格式：
	{
	"source":"数据来源，网站地址（需要去除前缀和后缀）",
	"tag":"标签，采集固定值，joblist 第一层",
	"position":"岗位，采集固定值，joblist 第二层，与 tag 关联",
	"job_category":"职位分类，本项目无太大实用意义",
	"job_name":"职位名称",
	"job_location":"工作地点",
	"crawl_date":"采集日期，固定值，采集的当前日期，格式 YYYY-MM-DD",
	"edu":"学历要求",
	"salary":"薪资",
	"experience":"工作经验",
	"job_info":"职位信息，包括工作职责以及任职要求",
	"company_name":"公司名称",
	"company_addr":"公司地址",
	"company_scale":"公司规模"
	}

推送数据格式	{
	"job":{
	　"source":"数据来源，网站地址（需要去除前缀和后缀）",
	　"tag":"标签，采集固定值，joblist 第 1 层",
	　"position":"岗位，采集固定值，joblist 第 2 层，与 tag 关联",
	　"job_category":"职位分类，在本项目中无太大实用意义",
	　"job_name":"职位名称",
	　"job_location":"工作地点",
	　"crawl_date":"采集日期，固定值，采集的当前日期，格式 YYYY-MM-DD",
	　"edu":"学历要求",
	　"salary":"薪资",
	　"experience":"工作经验",
	　"job_info":"职位信息，包括工作职责以及任职要求",
	　"company_name":"公司名称",
	　"company_addr":"公司地址",
	　"company_scale":"公司规模"
	},
	"additional_info":{
	　"qualification":["一行任职要求描述""一行任职资格描述"],
	　"key_words":["词 1""词 2"]
	}
	}

11.2.6 Redis 表设计

Redis 是一个高性能的键/值对（key-value）数据库，在数据采集子系统中主要作为缓存使用。在 Redis 中主要存储 3 种数据，见表 11-7。

表 11-7 Redis 表

表	说　　明
Proxies	代理池，主要存放代理 IP 地址
Headers	Header 池，主要存放预置的浏览器 User-Agent
IndexUrl	表名：［source］ 内容：抓取到的详情页 URL 队列

微课 11-3 招聘数据爬虫代码分析

11.3 数据采集子系统关键代码

11.3.1 网络爬虫模块

每一个目标网站的网络爬虫分为 URL Spider 和 Data Spider 两种类型，都是使用 Scrapy 爬虫框架进行开发。

每个网络爬虫的目录基本相同，如图 11-5 所示。

图 11-5

- spiders 目录中是网络爬虫的主文件，用于编写发送请求和数据解析的代码文件。
- middlewares.py 是定义网络爬虫中间件文件。
- rw_redis.py 是用于与 Redis 进行交互的接口文件。
- settings.py 是 Scrapy 爬虫项目的配置文件。

1. URL Spider

URL Spider 是基于 Scrapy 框架构建的网络爬虫，它根据需要采集各大招聘网站的起始 URL 地址，并配合采集关键词，发送网络请求。然后根据获取的响应内容进行解析获得详情页 URL 地址及分页 URL 地址后，将详情页 URL 地址推送到 Redis 中以供 Data Spider 进行数据采集；使用分页 URL 地址再次发送请求，并对获得的响应数据进行递归处理。

爬取无忧招聘网数据的 URL Spider 的主要代码如下：

- spiders/wuyou.py：

```
1.    class WuyouSpider(RedisSpider):
2.        name ='wuyou'
3.        # allowed_domains = ['search.51job.com']
4.        # start_urls = ['http://search.51job.com/']
5.
6.        #构造初始请求
7.        def start_requests(self):
8.            # 遍历 joblist 文件,构造初始请求队列
9.
10.               pages = []
11.
12.               with open(r'/project/joblist.json','r',encoding='utf-8') as fp:
13.                   obj = json.load(fp)
14.                   # print(type(obj[0]))
15.                   dd = obj[0]
16.                   job_l = []
17.                   for k,v in dd.items():
18.                       for kw in v:
19.                           if k in kw:
20.                               keyw = ps.quote(kw)
21.                           else:
22.                               keyw = ps.quote(k+' '+kw)
23.                           url ='https://search.51job.com/jobsearch/search_result.
        php?fromJs = 1&keyword = ' + keyw + '&keywordtype = 2&lang = c&stype =
        2&postchannel=0000&fromType=1&confirmdate=9'
24.                           page = scrapy.Request(url,meta={'k':k,'kw':kw})
25.                           pages.append(page)
26.               return pages
27.        def mk_req_dict(self,dic):
28.            #构造请求的字典
29.            if type(dic) == dict:
30.                dic2 = {}
31.                for k in dic.keys():
32.                    if k.startswith('_') and k ! = '_encoding':
33.                        new_k = k.replace('_','')
34.                        dic2[new_k] = dic[k]
35.                    else:
36.                        dic2[k] = dic[k]
37.                return dic2
38.
38.        redis_key ='wuyou:start_urls'
39.        def parse(self,response):
40.            # 解析职位列表页内容获取到详情页的 URL 构造请求,加入到队列之
            # 中供 Slave 爬虫进行消费
```

```
41.              k = response.meta['k']
42.              kw = response.meta['kw']
43.              info_urls = response.xpath('.//div[@class="el"]/p[starts-with(@
     class,"t1")]/span/a/@href').extract()
44.              for info_url in info_urls：
45.                  print(info_url)
46.                  req = scrapy.Request(info_url,meta={'k':k,'kw':kw})
47.                  push_iu(self.mk_req_dict(req.__dict__),2)
48.              next_page = response.xpath('.//div[@class="p_in"]/ul/li[@class=
     "bk"][2]/a/@href').extract_first()
49.              if next_page：
50.                  yield scrapy.Request(url=next_page, meta={'k':k,'kw':kw})
```

- Middlewares. py

```
1.    # -*- coding：utf-8 -*-
2.    from spider51job.rw_redis import random_proxy,random_ua
3.    # from scrapy.contrib.downloadermiddleware.useragent import UserAgentMiddleware
4.
5.    class ProxyMiddleware(object)：
6.        # 代理中间件
7.        def process_request(self, request, spider)：
8.            proxies = random_proxy()
9.            request.meta['proxy'] = proxies
10.
11.    class UAMiddleware(object)：
12.        .
13.        def process_request(self, request, spider)：
14.            ua = random_ua()
15.            if ua：
16.                request.headers.setdefault('User-Agent', ua)
```

- Re_redis. py

```
1.    # -*- coding: utf-8 -*-
2.    import pickle
3.    import redis
4.    from random import choice
5.    from spider51job.settings import REDIS_HOST, REDIS_PORT, REDIS_KEY_
     PROXY,REDIS_KEY_HEADER
6.
7.
8.    def push_iu(req,type)：
9.        # 向 Redis 推送详情页请求
10.        try：
11.            r = redis.Redis(host=REDIS_HOST, port=REDIS_PORT, db=0)
```

```
12.              except:
13.                  print ('连接 redis 失败')
14.              else:
15.                  if type == 2:
16.                      r. lpush('wuyou:info_requests', pickle. dumps(req))
17.
18.      def random_proxy():
19.          # 随机获取代理
20.          try:
21.              r = redis. Redis(host=REDIS_HOST, port=REDIS_PORT, db=0)
22.          except:
23.              print ('连接 redis 失败')
24.              result = r. zrangebyscore(REDIS_KEY_PROXY,100,100)
25.              if len(result):
26.                  # print(choice(result))
27.                  return choice(result)
28.              else:
29.                  result = r. zrevrange(REDIS_KEY_PROXY,0, 100)
30.                  if len(result):
31.                      # print(choice(result))
32.                      return choice(result)
33.                  else:
34.                      pass
35.
36.      def random_ua():
37.          # 随机获取 UA
38.          try:
39.              r = redis. Redis(host=REDIS_HOST, port=REDIS_PORT, db=0)
40.          except:
41.              print ('连接 redis 失败')
42.              result = r. zrangebyscore(REDIS_KEY_HEADER,100,100)
43.              if len(result):
44.                  # print(choice(result))
45.                  return choice(result)
46.              else:
47.                  result = r. zrevrange(REDIS_KEY_HEADER,0, 100)
48.                  if len(result):
49.                      # print(choice(result))
50.                      return choice(result)
51.                  else:
52.                      pass
```

● settings. py

```
1.   # - * - coding: utf-8 - * -
2.
```

```
3.
4.      BOT_NAME ='spider51job'
5.
6.      SPIDER_MODULES = ['spider51job. spiders']
7.      NEWSPIDER_MODULE ='spider51job. spiders'
8.
9.      #item Pipeline 同时处理 item 的最大值为 100
10.     CONCURRENT_ITEMS = 100
11.     #scrapy downloader 并发请求最大值为 16
12.     CONCURRENT_REQUESTS = 4
13.     #对单个网站进行并发请求的最大值为 8
14.     CONCURRENT_REQUESTS_PER_DOMAIN = 2
15.     #抓取网站的最大允许的抓取深度值
16.     DEPTH_LIMIT = 0
17.     # Obey robots. txt rules
18.     ROBOTSTXT_OBEY =False
19.     DOWNLOAD_TIMEOUT = 10
20.     DNSCACHE_ENABLED = True
21.     #避免爬虫被禁的策略 1,禁用 cookie
22.     Disable cookies (enabled by default)
23.     COOKIES_ENABLED =False
24.     CONCURRENT_REQUESTS = 4
25.     #CONCURRENT_REQUESTS_PER_IP = 2
26.     #CONCURRENT_REQUESTS_PER_DOMAIN = 2
27.     #设置下载延时,防止爬虫被禁
28.     DOWNLOAD_DELAY = 2
29.
30.     DOWNLOADER_MIDDLEWARES = {
31.        'spider51job. middlewares. ProxyMiddleware' : 100,
32.        'spider51job. middlewares. UAMiddleware' : 110,
33.     }
34.
35.     USER_AGENT ='Mozilla/5. 0 (Windows NT 6. 1; WOW64) AppleWebKit/537. 36
        (KHTML, like Gecko) Chrome/65. 0. 3325. 146 Safari/537. 36'
36.     DEFAULT_REQUEST_HEADERS = {
37.        'Accept': 'text/html, application/xhtml+xml, application/xml;q = 0. 9, * / * ;q =
        0. 8',
38.        'Accept-Language': 'en',
39.     }
40.
41.     #使用 scrapy_redis 的调度器
42.     SCHEDULER ="scrapy_redis. scheduler. Scheduler"
43.     DUPEFILTER_CLASS ="scrapy_redis. dupefilter. RFPDupeFilter"
44.     SCHEDULER_PERSIST =False
```

```
45.     SCHEDULER_QUEUE_CLASS ='scrapy_redis. queue. SpiderPriorityQueue'
46.     REDIS_URL =None
47.     REDIS_HOST ='192. 168. 3. 100' # 也可以根据情况改成 localhost
48.     REDIS_PORT ='6379'
49.
50.     #配置日志存储目录
51.     LOG_LEVEL ='INFO'
52.     #LOG_FILE = "logs/scrapy. log"
53.
54.     REDIS_KEY_PROXY ='proxies'
55.     REDIS_KEY_HEADER ='headers'
56.
57.     REDIS_ITEMS_SERIALIZER ='pickle. dumps'
58.
59.     #设置停止时间
60.     CLOSESPIDER_TIMEOUT =86000
```

2. Data Spider

Data Spider 模块也是基于 Scrapy 框架构建的网络爬虫，从 Redis 中获取由 URL Spider 采集到的详情页 URL，构造访问请求并从获取的响应数据中解析目标数据，构造 JSON 格式字符串并保存到原始数据文件中，同时调用数据预处理模块向数据存储与分析平台发送。

爬取无忧招聘网数据的 Data Spider 的主要代码如下：

- Spiders/wuyou. py

```
1.      # - * - coding：utf-8 - * -
2.      from scrapy_redis. spiders import RedisSpider
3.      from urllib import parse as ps
4.      import json
5.      from datetime import datetime
6.      import re
7.      from spider51job. items import Spider51JobItem
8.
9.      class WuyouSpider( RedisSpider)：
10.         name ='wuyou'
11.         # allowed_domains = ['search. 51job. com']
12.         # start_urls = ['http://search. 51job. com/']
13.
14.         redis_key ='wuyou：info_requests'
15.         #job_info 处理
16.         def dis_job_info( self,longtext)：
17.             info_list = re. split( r'[\uFF08|\( ]? \d+\s? [\u3001|\. |\uFF09|\)]|\
uFF0C|\,]+',longtext)
18.             result_list = []
```

```
19.              for info in info_list：
20.                  new_info = re. sub(r'[\r|\n|\t]','',info). replace('|','-')
21.                  if new_info：
22.                      if ('微信'or'分享'or'邮件') not in new_info：
23.                          result_list. append(new_info)
24.              return result_list
25.          def drop_t(self,text)：
26.              if text：
27.                  return text. replace('\t','')
28.              else：
29.                  return None
30.          def com_scale(self,text)：
31.              try：
32.                  scale = text. split('|')[1]. strip()
33.                  return scale
34.              except：
35.                  return None
36.
37.          #职位列表页页面解析
38.          def parse(self, response)：
39.              # print(response. url)
40.              # with open('response. html','w',encoding='utf-8') as fp：
41.              #     fp. write(response. text)
42.              item = Spider51JobItem()
43.              k = response. meta['k']
44.              kw = response. meta['kw']
45.
46.              item['source'] = '51job'
47.              item['tag'] = k
48.              item['position'] = kw
49.              item['job_name'] = response. xpath('.//div[@ class="tHeader tHjob"]/
    div[@ class="in"]/div[@ class="cn"]/h1/text()'). extract_first()
50.              item['job_location'] = response. xpath('.//span[@ class="lname"]/text
    ()'). extract_first()
51.              item['salary'] = response. xpath('.//div[@ class="cn"]/strong/text()')
    . extract_first()
52.              item['crawl_data'] = str(datetime. now(). date())
53.              item['job_category'] = response. xpath('.//div[@ class="bmsg job_msg in-
    box"]/div[@ class="mt10"]/p[@ class="fp"]/span[@ class="el"]/text()')
    . extract_first()
54.              item['company_scale'] = self. com_scale(response. xpath('.//div[@ class
    ="cn"]/p[@ class="msg ltype"]/text()'). extract_first())
55.              item['company_addr'] = self. drop_t(response. xpath('.//div[@ class="
    bmsg inbox"]/p[@ class="fp"]/text()[2]'). extract_first())
```

56.   item['edu'] = response. xpath('. //div[@ class = "jtag inbox"]/div[@ class = "t1"]/span[@ class = "sp4"]/em[@ class = "i2"]/. ./text( )'). extract_first( )

57.   item['experience'] = response. xpath('. //div[@ class = "jtag inbox"]/div[@ class = "t1"]/span[@ class = "sp4"]/em[@ class = "i1"]/. ./text( )'). extract_first( )

58.   item['job_info'] = self. dis_job_info(response. xpath('string(. //div[@ class = "bmsg job_msg inbox"])'). extract_first( ))

59.   yield item

- Settings. py

```
1.    # - * - coding：utf-8 - * -
2.
3.
4.    BOT_NAME ='spider51job'
5.
6.    SPIDER_MODULES = ['spider51job. spiders']
7.    NEWSPIDER_MODULE ='spider51job. spiders'
8.
9.    #item Pipeline 同时处理 item 的最大值为 100
10.    CONCURRENT_ITEMS = 100
11.    #scrapy downloader 并发请求最大值为 16
12.    CONCURRENT_REQUESTS = 80
13.    #对单个网站进行并发请求的最大值为 8
14.    CONCURRENT_REQUESTS_PER_DOMAIN = 8
15.    #抓取网站的最大允许的抓取深度值
16.    # DEPTH_LIMIT = 0
17.    # Obey robots. txt rules
18.    ROBOTSTXT_OBEY = False
19.    DOWNLOAD_TIMEOUT = 10
20.    DNSCACHE_ENABLED = True
21.    #避免爬虫被禁的策略 1,禁用 cookie
22.    # Disable cookies（enabled by default）
23.    COOKIES_ENABLED = False
24.    # CONCURRENT_REQUESTS = 4
25.    #CONCURRENT_REQUESTS_PER_IP = 2
26.    #CONCURRENT_REQUESTS_PER_DOMAIN = 2
27.    #设置下载延时,防止爬虫被禁
28.    DOWNLOAD_DELAY = 1
29.
30.    DOWNLOADER_MIDDLEWARES = {
31.        'spider51job. middlewares. ProxyMiddleware' : 100,
32.        'spider51job. middlewares. UAMiddleware' : 110,
33.    }
34.
```

```
35.     USER_AGENT ='Mozilla/5. 0（Windows NT 6. 1；WOW64）AppleWebKit/537. 36
        （KHTML，like Gecko）Chrome/65. 0. 3325. 146 Safari/537. 36'
36.     DEFAULT_REQUEST_HEADERS = {
37.        'Accept'：'text/html，application/xhtml+xml，application/xml；q＝0. 9，＊/＊；q＝
        0. 8'，
38.        'Accept-Language'：'en'，
39.     }
40.
41.     ITEM_PIPELINES = {
42.        'spider51job. pipelines. Spider51JobPipeline'：300，
43.        'spider51job. pipelines. SaveRedisPipline'：310，
44.     }
45.
46.     #使用 scrapy_redis 的调度器
47.     SCHEDULER ="scrapy_redis. scheduler. Scheduler"
48.     #确保所有网络爬虫通过 Redis 共享相同的重复过滤器
49.     DUPEFILTER_CLASS ="scrapy_redis. dupefilter. RFPDupeFilter"
50.     # 是否允许暂停
51.     SCHEDULER_PERSIST =True
52.     # 爬虫使用的队列类
53.     SCHEDULER_QUEUE_CLASS ='scrapy_redis. queue. SpiderQueue'
54.     # 爬虫等待时间
55.     SCHEDULER_IDLE_BEFORE_CLOSE =60
56.     # 默认请求队列
57.     SCHEDULER_QUEUE_KEY ='wuyou：info_requests'
58.     # 默认请求序列化器是 pickle
59.     SCHEDULER_SERIALIZER ="scrapy_redis. picklecompat"
60.
61.
62.
63.     REDIS_URL =None
64.     REDIS_HOST ='192. 168. 3. 100'
65.     REDIS_PORT ='6379'
66.     #配置日志
67.     LOG_LEVEL ='INFO'
68.     #LOG_FILE = "logs/scrapy. log"
69.
70.     REDIS_KEY_PROXY ='proxies'
71.     REDIS_KEY_HEADER ='headers'
72.     REDIS_KEY_DATA ='crawl_data'
73.
74.     #设置停止时间
75.     CLOSESPIDER_TIMEOUT =86000
76.
```

```
77.        FLUME_HOST ='192. 168. 3. 111'
78.        FLUME_PORT =55555
79.        RETRY_NUM =1
```

Middlewares. py 以及 rw_redis. py 同 URL Spider 的内容一致，这里不重复进行展示。

11.3.2 代理池

代理池模块负责定时启动代理 IP 地址检测进程对 Redis 中的代理 IP 地址进行有效性检测，检测无效时删除；定时启动代理池总量检测进程对有效代理进行统计，当有效代理数低于设定的阈值时，启动采集进程从指定的目标网站采集代理 IP 地址，保存在 Redis 中以供 URL Spider、Data Spider 使用。

代理池模块的目录结构如图 11-6 所示。

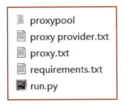

图 11-6

- proxypool 目录中为代理池的核心代码文件。
- proxy provider. txt 是代理服务器提供网站 URL 列表。
- proxy. txt 是代理 IP 地址列表。
- requirements. txt 为代理池项目的依赖文件。
- run. py 是代理池模块的启动文件。

主要代码如下：

- run. py：

```
1.     # coding=utf-8
2.     from proxypool. scheduler import Scheduler
3.     import sys
4.     import io
5.
6.     sys. stdout = io. TextIOWrapper(sys. stdout. buffer, encoding='utf-8')
7.
8.
9.     def main():
10.        try:
11.            s = Scheduler()
12.            s. run()
13.        except:
14.            main()
15.
```

```
16.
17.    if __name__ == '__main__':
18.        main()
```

- Scheduler. py：

```
1.   import time
2.   from multiprocessing import Process
3.   from proxypool. api import app
4.   from proxypool. track. getter import Getter
5.   from proxypool. track. tester import Tester
6.   from proxypool. common. setting import *
7.   from proxypool. log. save_log import *
8.
9.   class Scheduler():
10.      def schedule_tester(self, cycle=TESTER_CYCLE):
11.          # 定时测试代理
12.          tester = Tester()
13.          while True：
14.              add_check_log('测试器开始运行',LOG_INFO)
15.              tester. run()
16.              time. sleep(cycle)
17.
18.      def schedule_getter(self, cycle=GETTER_CYCLE):
19.          # 定时获取代理
20.          getter = Getter()
21.          while True：
22.              add_spider_log('开始抓取代理',LOG_INFO)
23.              getter. run()
24.              for i in range(int(cycle/5))：
25.                  time. sleep(5)
26.
27.      def schedule_api(self):
28.          # 开启 API
29.          app. run(API_HOST, API_PORT)
30.
31.      def run(self)：
32.          # print('代理池开始运行')
33.
34.          if TESTER_ENABLED：
35.              tester_process = Process(target=self. schedule_tester)
36.              tester_process. start()
37.
38.          if GETTER_ENABLED：
39.              getter_process = Process(target=self. schedule_getter)
```

```
40.                getter_process. start( )
41.
42.            if API_ENABLED:
43.                api_process = Process( target=self. schedule_api)
44.                api_process. start( )
```

11.3.3　请求头池

请求头池将一系列浏览器 User-Agent 保存在 Redis 数据库中，用于 URL Spider、Data Spider 的浏览器伪装。

项目目录结构如图 11-7 所示。

图 11-7

- headers_redis. py 是项目的主文件，用于将浏览器 User-Agent 保存在 Redis 数据库中，网络爬虫项目在运行时从 Redis 中进行获取并使用，主要代码如下：

```
1.    import redis
2.
3.
4.    r = redis. Redis( host='127. 0. 0. 1', port=6379, db=0)
5.    ua_list = ['Mozilla/5. 0 ( Macintosh; U; Intel Mac OS X 10_6_8; en-us) AppleWeb-
      Kit/534. 50 ( KHTML, like Gecko) Version/5. 1 Safari/534. 50',
6.        'Mozilla/5. 0 ( Windows; U; Windows NT 6. 1; en-us) AppleWebKit/534. 50
      ( KHTML, like Gecko) Version/5. 1 Safari/534. 50',
7.        'Mozilla/5. 0 ( compatible; MSIE 9. 0; Windows NT 6. 1; Trident/5. 0)',
8.        'Mozilla/4. 0 ( compatible; MSIE 8. 0; Windows NT 6. 0; Trident/4. 0)',
9.        'Mozilla/4. 0 ( compatible; MSIE 7. 0; Windows NT 6. 0)',
10.        'Mozilla/4. 0 ( compatible; MSIE 6. 0; Windows NT 5. 1)',
11.        ' Mozilla/5. 0 ( Macintosh; Intel Mac OS X 10. 6; rv: 2. 0. 1) Gecko/
      20100101 Firefox/4. 0. 1',
12.        'Mozilla/5. 0 ( Windows NT 6. 1; rv:2. 0. 1) Gecko/20100101 Firefox/4. 0. 1',
13.        'Opera/9. 80 ( Macintosh; Intel Mac OS X 10. 6. 8; U; en) Presto/2. 8. 131
      Version/11. 11',
14.        'Opera/9. 80 ( Windows NT 6. 1; U; en) Presto/2. 8. 131 Version/11. 11',
15.        'Mozilla/5. 0 ( Macintosh; Intel Mac OS X 10_7_0) AppleWebKit/535. 11
      ( KHTML, like Gecko) Chrome/17. 0. 963. 56 Safari/535. 11',
16.        'Mozilla/4. 0 ( compatible; MSIE 7. 0; Windows NT 5. 1; Maxthon 2. 0)',
17.        ' Mozilla/4. 0 ( compatible; MSIE 7. 0; Windows NT 5. 1; TencentTraveler
      4. 0)',
```

```
18.        'Mozilla/4.0 (compatible; MSIE 7.0; Windows NT 5.1)',
19.        'Mozilla/4.0 (compatible; MSIE 7.0; Windows NT 5.1; The World)',
20.        'Mozilla/4.0 (compatible; MSIE 7.0; Windows NT 5.1; Trident/4.0; SE
2.X MetaSr 1.0; SE 2.X MetaSr 1.0; .NET CLR 2.0.50727; SE 2.X MetaSr 1.0)',
21.        'Mozilla/4.0 (compatible; MSIE 7.0; Windows NT 5.1; 360SE)',
22.        'Mozilla/4.0 (compatible; MSIE 7.0; Windows NT 5.1; Avant Browser)',
23.        'Mozilla/4.0 (compatible; MSIE 7.0; Windows NT 5.1)',]
24.
25.    for ua in ua_list:
26.        r.zadd('headers',ua,100)
```

11.4 数据采集子系统项目部署

11.4.1 系统环境搭建

数据采集子系统的运行环境见表 11-8。

表 11-8 运 行 环 境

编号	项目	环境描述/组件版本		
		名称	数量	配置
1	最低硬件	Master	1	CPU：双核；内存：4GB；硬盘容量：500GB
2	推荐硬件	Master	1	CPU：双核；内存：8GB；硬盘容量：1TB
		Slave	4	CPU：双核；内存：4GB；硬盘容量：500GB
3	操作系统	CentOS 7		

采集服务器分为 Master（主）、Slave（从）两种主机类型，操作系统都选用 CentOS 7。

1. Python 3 安装

CentOS 7 默认已经安装 Python 2 开发环境，但数据采集子系统使用 Python 3 开发环境，所以在采集服务器上首先都需要安装 Python 3.6.4。请按照如下步骤来安装：

① 使用 yum 命令先安装必需的依赖。

```
yum -y install openssl-devel bzip2-devel expat-devel gdbm-devel readline-devel sqlite-devel
yum -y install wget
yum -y install gcc
```

② 通过 wget 下载 Python 3.6.4 的压缩包。

```
wget https://www.python.org/ftp/python/3.6.4/Python-3.6.4.tgz
```

③ 解压 Python 3.6.4 的压缩包。

```
tar -zxvf Python-3.6.4.tgz
```

④ 将解压后的 Python 移到 /usr/local 下面。

```
mv Python-3.6.4 /usr/local
```

⑤ 进入 Python 目录。

```
cd /usr/local/Python-3.6.4/
```

⑥ 进行源码编译前的环境配置。

```
./configure
```

⑦ 开始编译源码。

```
make
```

⑧ 将编译完成的 Python 3 安装到系统。

```
make install
```

⑨ 创建新的软链接到最新的 Python 3。

```
ln -s /usr/local/bin/python3.6 /usr/bin/python3
```

⑩ 查看 Python 3 版本。

```
python3 -V
```

如果显示版本是 3.6.4，说明安装成功。

2. Redis 安装

数据采集子系统需要使用 Redis 缓存数据库来存放代理池和请求头池数据，只需要在 Master 主服务器上安装 Redis。安装步骤如下。

① 首先关闭防火墙。

```
systemctl stop firewalld.service #停止 firewall
systemctl disable firewalld.service #禁止 firewall 开机启动
```

使用 firewall - cmd - - state 可以查看默认防火墙状态（关闭后显示 notrunning，开启后显示 running）。

② 配置编译环境。

```
yum install gcc-c++
```

③ 下载 Redis 源码包。

```
wget http://download.redis.io/releases/redis-3.2.8.tar.gz
```

④ 解压 Redis 源码包。

```
tar -zxvf redis-3.2.8.tar.gz
```

⑤ 复制解压后的文件夹到/usr/local。

```
cp -r ./redis-3.2.8 /usr/local/redis
cd /usr/local/redis
```

⑥ 编译并安装 Redis。

```
make install
```

⑦ 测试是否安装成功。

```
cd src
./redis-server        //redis 端口号默认为 6379
```

⑧ 设置开机启动及远程连接。

```
cd /usr/local/redis
cp redis.conf redis_6379.conf
vi redis_6379.conf
```

对配置文件进行如下修改：

```
bind 0.0.0.0//第 61 行
protected-mode no//第 80 行
daemonize yes//第 128 行
```

⑨ 修改启动脚本。

```
cd utils/
cp redis_init_script redis_init_script_6379
vi redis_init_script_6379
```

对启动脚本进行如下修改：

```
EXEC=/usr/local/redis/src/redis-server
CLIEXEC=/usr/local/redis/src/redis-cli
CONF="/usr/local/redis/redis_6379.conf"
```

⑩ 启动 Redis。

```
./redis_init_script_6379 start
```

⑪ 查看 Redis 是否启动成功。

```
ps -ef | grep redis
```

如果显示含有 Redis 的项，说明 Redis 已经启动成功。

⑫ 将 Redis 添加到开机启动中。

```
vi /etc/rc.local
```

添加一行：

```
/usr/local/redis/utils/redis_init_script_6379 start
```

给/etc/rc.d/rc.local 加执行权限：

```
chmod +x /etc/rc.d/rc.local
```

关于 Redis 的服务及配置的扩展内容请参照官网说明文档。

3. MySQL 安装

在 Master 和 Slave 采集服务器上都需要安装 MySQL 数据库。安装步骤如下。

① 先检查系统是否装有 MySQL。

```
rpm -qa | grep mysql
```

这里执行安装命令是无效的，因为 CentOS 7 默认是 Mariadb，所以执行以下命令只是更新 Mariadb 数据库。

```
yum -y install mysql
```

删除可用：

```
yum -y remove mysql
```

② 下载 MySQL 的 repo 源。

```
wget http://repo.mysql.com/mysql57-community-release-el7-10.noarch.rpm
```

安装 rpm 包：

```
sudo rpm -Uvh mysql57-community-release-el7-10.noarch.rpm
```

③ 安装 MySQL。

```
yum install  -y  mysql-community-server
```

④ 启动 MySQL。

```
service mysqld start
```

⑤ 重置 MySQL 密码。
获取 MySQL 临时密码：

```
grep 'temporary password' /var/log/mysqld.log
```

复制 root@ localhost：后面的密码。

登录 MySQL：

```
mysql -u root -p
```

粘贴刚才的密码。

登录 MySQL 成功后，修改密码：

```
ALTER USER 'root'@'localhost' IDENTIFIED BY 'root123';
```

若报错 1819，进行如下操作，再进行修改：

```
mysql> set global validate_password_policy=0;
mysql> set global validate_password_length=1;
```

允许远程登录 MySQL：

```
mysql> GRANT ALL PRIVILEGES ON *.* TO 'root'@'%' IDENTIFIED BY 'yourpassword'
WITH GRANT OPTION；
```

⑥ 查询数据库编码格式，确保是 UTF-8。

```
mysql> show variables like "%char%";
```

修改 MySQL 的配置文件中的字符集键值：

```
vi /etc/my.cnf
```

在［mysqld］字段里加入 character_set_server=utf8，如下：

```
[mysqld]
port = 3306
socket = /var/lib/mysql/mysql.sock
character_set_server=utf8
```

⑦ 重启 MySQL。

```
service mysqld restart
```

11.4.2　项目部署

采集子系统项目的主要结构如图 11-8 所示。

项目在 Master 和 Slave 上的部署是不一样的，分别进行介绍。

1. Master 采集主服务器

① 在系统根目录下建立 project 目录作为项目部署的主目录，并将代码复制到对应目录。project 目录的结构如下：

```
/project/
    Proxypool/                      ——代理池
```

dispose_transfer/	——预处理及传输模块
headerspool/	——Header 池
data/	——数据存储
joblist. json	——关键词文件

图 11-8

② 在 project 目录下使用命令建立 3 个虚拟环境，分别为 .env_pp、.env_sk、.env_sp，见表 11-9。

表 11-9 虚 拟 环 境

虚拟环境	说 明	命 令
. env_pp	代理池 Header 池使用	python3 −m venv /project/. env_pp
. env_sk	Web 管理系统使用	python3 −m venv /project/. env_sk
. env_sp	网络爬虫、预处理及发送模块使用	python3 −m venv /project/. env_sp

虚拟环境是用于依赖项管理和项目隔离的 Python 工具，允许 Python 站点包（第三方库）安装在本地特定项目的隔离目录中，而不是全局安装（即作为系统范围内的 Python 的一部分）。

虚拟环境为一系列潜在问题提供简单的解决方案，尤其是在以下几个方面：

- 允许不同的项目使用不同版本的程序包，从而解决依赖性问题。例如，可以将 Project A v2.7 用于 Project X，并将 Package A v1.3 用于 Project Y。
- 通过捕获需求文件中的所有包依赖项，使项目自包含且可重现。
- 在没有管理员权限的主机上安装软件包。
- 只需要一个项目，无须在系统范围内安装软件包，就能保持全局 site-

packages/目录整洁。

③ 根据各模块的 requirements_＊＊.txt 在虚拟环境中对项目依赖进行安装，见表 11-10。

表 11-10 安装依赖

虚 拟 环 境	依赖包文件
. env_pp	requirements_pp. txt
. env_sk	requirements_sk. txt
. env_sp	requirements_sp. txt

a. 启动某个虚拟环境。

source . env_＊＊/bin/activate

b. 安装对应依赖。

pip3 install -r requirements_＊＊.txt

c. 退出虚拟环境。

deactivate

④ 配置 Scrapyd 爬虫管理框架。

vi /project/. env_sp/lib/python3. 6/site-packages/scrapyd/default_scrapyd. conf

将配置文件中的 bind_address 修改为 0. 0. 0. 0
⑤ 按表 11-11 的顺序启动项目。

表 11-11 启 动 顺 序

顺序	模 块	命 令
1	代理池	nohup /project/. env_pp/bin/python3 run. py >> LOG 2>&1 &
2	Header 池	/project/. env/bin/python3 /project/headerspool/headers_redis. py
3	Scrapyd	在/project/data 目录下 nohup /project/. env_sp/bin/scrapyd >> LOG 2>&1 &
4	SpiderKeeper	nohup /project/. env_sk/bin/spiderkeeper --server=http://HOST:PORT >> LOG 2>&1 & 连接多台设备时指定多个 --server=http://HOST:PORT
5	预处理传输	systemctl start transferdata. service

2. Slave 采集从服务器

① 在系统根目录下建立 project 目录作为项目部署的主目录并将代码复制到对应目录，目录结构如下：

/project
/data　　　　　　——数据存储

② 在 project 目录下建立虚拟环境 . env_sp。

```
python3 -m venv /project/. env_sp
```

③ 根据各模块的 requirements_＊＊. txt 对项目依赖进行安装。
a. 启动虚拟环境。

```
source . env_sp/bin/activate
```

b. 安装依赖。

```
pip3 install -r requirements_＊＊. txt
```

c. 退出虚拟环境。

```
deactivate
```

④ 配置 Scrapyd 爬虫管理框架。

```
vi /project/. env_sp/lib/python3. 6/site-packages/scrapyd/default_scrapyd. conf
```

将 bind_address 修改为 0. 0. 0. 0。
⑤ 启动项目。

```
cd /project/data
nohup /project/. env_sp/bin/scrapyd >> LOG 2>&1 &
```

11.5 运营管理

SpiderKeeper 是一款开源的 Scrapy 爬虫管理工具，可以方便地进行网络爬虫的启动、暂停、定时，同时可以查看分布式情况下所有网络爬虫日志，查看网络爬虫执行情况等。

11.5.1 管理系统登录

部署完成后在浏览器输入 http：//HOST：5000 打开 SpiderKeeper 运营管理页面，会自动弹出一个登录窗口，输入初始用户名及密码（admin/admin）以登录系统，如图 11-9 所示。

注意：这里 HOST 为 SpiderKeeper 所部署的主机的 IP 地址。

图 11-9

11.5.2　页面概览

初次使用会直接跳转到项目管理页面，这里重点讲解左侧的功能列表，如图 11-10 所示。

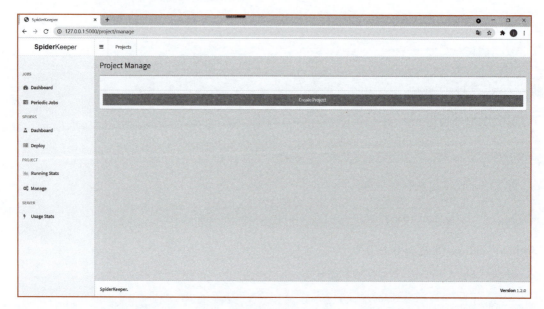

图 11-10

左边侧栏为功能列表，从上至下依次为：
- JOB
  - Dashboard -网络爬虫任务仪表板
  - Periodic Jobs -网络爬虫任务管理页面
- SPIDERS
  - Dashboard -网络爬虫包仪表板
  - Deploy -网络爬虫包部署页面
- PROJECT
  - Running Stats -项目运行状态
  - Manage -项目管理页面
- SERVER
  - Usage Stats -服务器连接状态

11.5.3　创建项目及部署

前面已经介绍了项目管理页面。项目管理页面的主要作用就是以项目为分组概念对网络爬虫进行分组管理，操作流程如下。

① 在项目管理页面单击 Projects 按钮并输入项目名称进行网络爬虫项目的创建，创建完成后会自动跳转到项目部署页面，如图 11-11 所示。

② 单击"选择文件"按钮选择提前打包好的 egg 文件，选择好后项目文件名称将会显示在页面上，如图 11-12 所示。

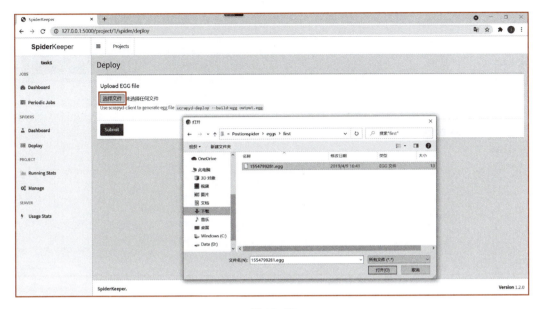

图 11-11

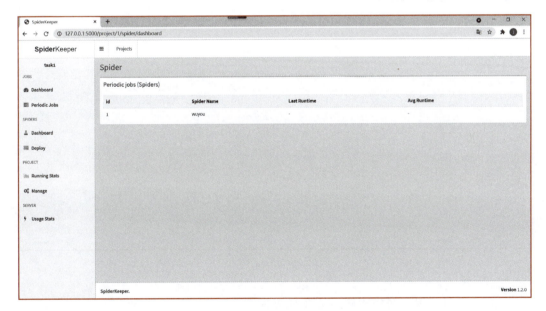

图 11-12

注意：一次只能上传一个 egg 文件，不能够多选。

③ 单击 Submit 按钮确认上传，若上传成功将会在顶部出现绿色的提示横幅，若失败则为红色的提示横幅，如图 11-13 所示。

④ 上传成功的网络爬虫信息可以在 SPIDERS/Dashboard 下进行查看，从左到右依次为：网络爬虫 id、网络爬虫名称、最后运行时间、平均运行时间，如图 11-14 所示。

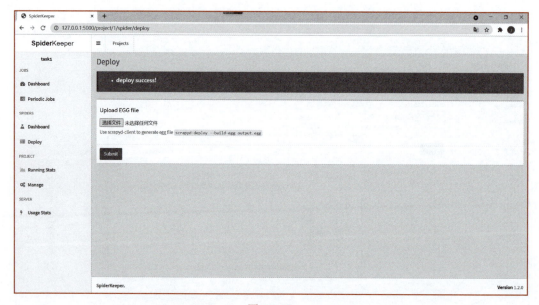

图 11-13

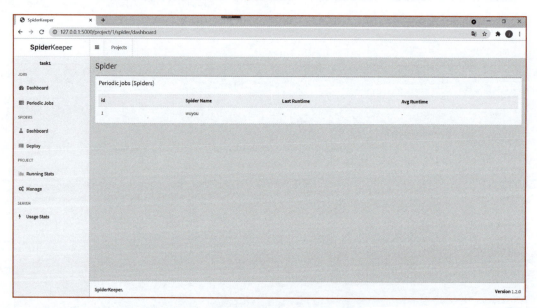

图 11-14

11.5.4 网络爬虫运行及任务管理

上传成功的网络爬虫可以在 JOBS/Dashboard 下通过单击右上角的 run 按钮进行单次运行，如图 11-15 所示。

- Spider 选项为要运行的网络爬虫的名称。
- Priority 选项为该网络爬虫任务的优先级，由低到高依次为：Low、Normal、High/Highest。
- Args 选项为 Scrapy 使用命令时附带的启动参数。

也可以在 JOBS/Periodic Jobs 下通过单击右上角的 Add Job 按钮创建网络爬虫任务，使网络爬虫周期性地被执行，如图 11-16 所示：

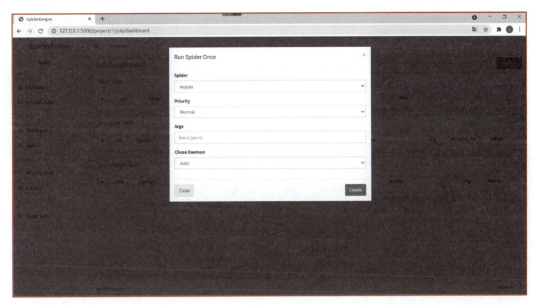

图 11-15

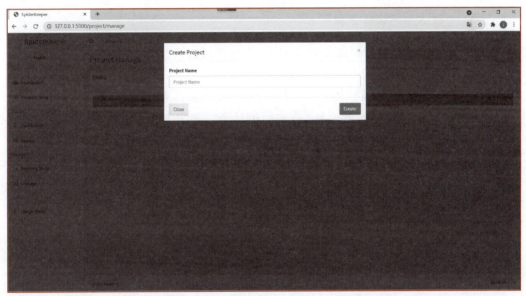

图 11-16

- Spider 选项为要运行的网络爬虫的名称。
- Priority 选项为该网络爬虫任务的优先级，由低到高依次为：Low、Normal、High/Highest。
- Args 选项为 Scrapy 使用命令时附带的启动参数。
- Choose Month 选项为项目定时启动的月份。
- Choose Day of Week 选项为项目每星期几定时启动。
- Choose Day of Month 选项为项目每个月的哪日定时启动。
- Choose Hour 选项为项目在启动日几时启动。
- Choose Minutes 选项为项目在启动时几分启动。

创建好的一个网络爬虫运行任务示例，如图 11-17 所示。

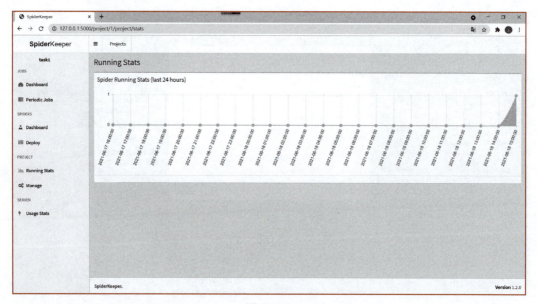

图 11-17

11.5.5　系统监控

所有的网络爬虫任务执行情况都可以在 Job Dashboard 下进行查看，如图 11-18 所示。

- Next Jobs 为接下来要运行的网络爬虫任务。
- Running Jobs 为正在运行的任务，单击 Log 超链接可以查看当前运行的 Scrapy 项目日志。
- Completed Jobs 为运行完毕的任务，可以通过 Status 列查看该网络爬虫任务是否正常结束，若显示为 ERROR 则表示该任务因报错结束。单击该任务的 Log 超链接可以查看报错信息。

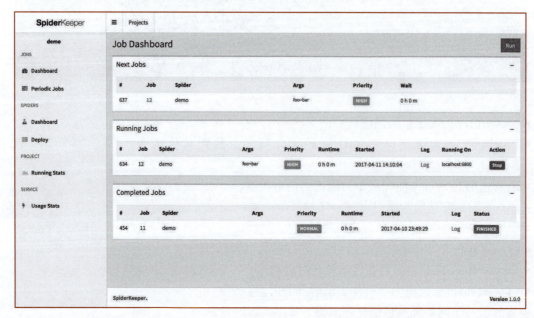

图 11-18

Slave 主机的连接情况可以在 Server Stats 下进行查看，如图 11-19 所示。

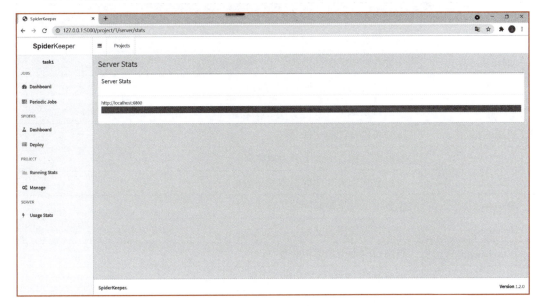

图 11-19

11.6 Redis 服务与配置

1. Redis 服务

Redis 服务见表 11-12。

表 11-12　Redis 服务

操　作	命　令 1	命　令 2
查看进程	ps -ef | grep redis	service redis_6379 status
开启服务	/etc/init. d/redis_6379 start	Service redis_6379 start
关闭服务	/etc/init. d/redis_6379 stop	service redis_6379 stop
重启服务	/etc/init. d/redis_6379 restart	service redis_6379 restart

2. Redis 配置

Redis 配置见表 11-13。

表 11-13　Redis 配置

参　数	说　明
daemonize	如果需要在后台运行，把该项改为 yes
pidfile	配置多个 pid 的地址，默认在 /var/run/redis. pid
bind	绑定 IP 地址，设置后只接受来自该 IP 地址的请求
port	监听端口，默认是 6379
loglevel	分为 4 个等级：debug/verbose/notice/warning

续表

参 数	说 明
logfile	用于配置 log 文件地址
databases	设置数据库个数，默认使用的数据库为 0
save	设置 Redis 进行数据库镜像的频率
rdbcompression	在进行镜像备份时，是否进行压缩
dbfilename	镜像备份文件的文件名
Dir	数据库镜像备份的文件放置路径
Slaveof	设置数据库为其他数据库的从数据库
Masterauth	主数据库连接需要的密码验证
Requirepass	登录时需要使用密码
Maxclients	限制同时使用的客户数量
Maxmemory	设置 Redis 能够使用的最大内存
Appendonly	开启 append only 模式
Appendfsync	设置对 appendonly. aof 文件同步的频率（对数据进行备份的第 2 种方式）
vm-enabled	是否开启虚拟内存支持（vm 开头的参数都是配置虚拟内存的）
vm-swap-file	设置虚拟内存的交换文件路径
vm-max-memory	设置 Redis 使用的最大物理内存大小
vm-page-size	设置虚拟内存的页大小
vm-pages	设置交换文件的总的页数量
vm-max-threads	设置 VM IO 同时使用的线程数量
Glueoutputbuf	把小的输出缓存存放在一起
hash-max-zipmap-entries	设置 hash 的临界值
Activerehashing	重新 hash

参 考 文 献

［1］瑞安·米切尔 . Python 网络爬虫权威指南［M］. 2 版 . 北京：人民邮电出版社，2019.

［2］崔庆才 . Python 3 网络爬虫开发实战［M］. 北京：人民邮电出版社，2018.

［3］史卫亚 . Python 3. x 网络爬虫从零基础到项目实战［M］. 北京：北京大学出版社，2020.

［4］韦世东 . Python 3 反爬虫原理与绕过实战［M］. 北京：人民邮电出版社，2020.

［5］迪米特里奥斯·考奇斯−劳卡斯 . 精通 Python 爬虫框架 Scrapy［M］. 北京：人民邮电出版社，2018.

［6］罗攀，蒋仟 . 从零开始学 Python 网络爬虫［M］. 北京：机械工业出版社，2017.

［7］李晓东 . Python 网络爬虫案例实战［M］. 北京：清华大学出版社，2020.